室内设计师.26
INTERIOR DESIGNER

编委会主任　崔恺
编委会副主任　胡永旭

学术顾问　周家斌

编委会委员
王明贤　王琼　王澍　叶铮　吕品晶　刘家琨　吴长福　余平　沈立东　沈雷　汤桦　张雷
孟建民　陈耀光　郑曙旸　姜峰　赵毓玲　钱强　高超一　崔华峰　登琨艳　谢江

海外编委
方海　方振宁　陆宇星　周静敏　黄晓江

主编　徐纺
艺术顾问　陈飞波

责任编辑　徐明怡　李威
美术编辑　赵鹏程
特约摄影　胡文杰

协作网络　ABBS 建筑论坛 www.abbs.com.cn
 www.zhulong.com

图书在版编目(CIP)数据

室内设计师.26/《室内设计师》编委会编.—北京:中国建筑工业出版社，2010.12
ISBN 978-7-112-12624-8

I.①室… II.①室… III.①室内设计－丛刊 IV.①TU238-55

中国版本图书馆 CIP 数据核字 (2010) 第 221393 号

室内设计师　26
中国当代设计
《室内设计师》编委会　编
电子邮箱：ider.2006@yahoo.com.cn
网　　址：http://www.idzoom.com

中国建筑工业出版社出版、发行
各地新华书店、建筑书店 经销
利丰雅高印刷（上海）有限公司 制版、印刷

开本：965×1270 毫米　1/16　印张：10　字数：400 千字
2010 年 12 月第一版　2010 年 12 月第一次印刷
定价：30.00 元
ISBN978-7-112-12624-8
　　　（19951）
版权所有　翻印必究
如有印装质量问题，可寄本社退换
（邮政编码：100037）

CONTENTS VOL.26

目录

视点	怀旧工业时代——布莱伯利大楼	王受之	4
解读	中国当代设计	常雨	7
	嘉定新城幼儿园		8
	周春芽艺术工作室：生长于村野		14
	万科塘厦双城水岸会所		20
	朱家角人文艺术馆		26
	碉堡		32
	杭州唐宫海鲜舫		37
	复兴路乙 59-1 号改造		42
论坛	妹岛和世：建筑是件单纯的事	徐明怡	48
人物	图解斯蒂文·霍尔	袁烽、华绍良、韩力	50
	斯蒂文·霍尔访谈	李威	56
	福冈公寓		58
	爱荷华大学艺术与艺术史学院		66
	南京艺术建筑博物馆		74
	北京当代 MOMA 联结复合体		82
	深圳万科中心		90
对话	重构传统：亚洲根系中的当代设计		98
实录	让·努维尔的感官世界		104
	日内瓦湖畔的异域风情		110
	隐于市的"城堡"		116
	黑白浪漫		122
	来自蔚蓝海岸的阳光酒店		126
纪行	雅典在左，卫城在右		130
感悟	撞墙	张晓莹	134
	玄关	陈卫新	134
	斯蒂文·霍尔：无以山寨的精神	曹禺	135
	过于喧嚣的孤独	赵周	135
场外	曾群：生活在"大院"		136
	曾群的一天		138
事件	2010 年秋季巴黎家居装饰博览会		142
	暧昧的私密		144
	Baker 杭州旗舰店开幕——专访 Baker 家具全球总裁 Rachel Kohler		148
	"苏州·旺山六园"项目国际研讨会启动		149

怀旧工业时代——布莱伯利大楼

撰　文 | 王受之

怀旧工业时代 —— 布莱伯利大楼

工业建筑的室内从来没有人认真写写，也真不知道怎么写才能够吸引人看，因为有一个基本的认识：工业建筑是纯粹功能性的，没什么好看的。商业建筑不会用工业建筑的室内，不知怎么的，好像"工业美学"或者柯布西耶的"机械美学"（Machine Aesthetics）在整个室内设计中就被搁置了几十年。直到最近，才有些新潮的人想起来工业建筑有种工业化的感觉，而这种感觉是在工业时代大家不介意的，只是因为工业时代过去了，进入到信息时代，才开始把工业化风格作为一种怀旧的风格来看待，逐渐才开始被重视。而拿工业化感觉来做室内设计的，总是过了工业时代、制造业不是主要经济的那些国家。所以，当我突然想起住了好多年的洛杉矶居然有一个建筑，在工业化发展的高峰时期，也就是19世纪末期，居然拿工业感来设计建筑室内，有种特别超前的感觉。

几个月前，我在学院给学生讲到英国导演雷德利·斯科特（Ridley Scott）的著名科幻片《银翼杀手》（Blade Runner）的时候，给学生放了一段1982年这部电影制作的纪录片，看见电影中那栋突出工业化感的室内设计经典布莱伯利大楼（the Bradbury building），忽然发现自己上一次去那里办事还是差不多十年前，是去那里找一个建筑设计事务所谈业务。虽然有印象，但是却很淡漠，没有想到这个高度工业化感的作品居然是百年之作。那天上完课之后，我抽了点时间自己开车去洛杉矶市中心，很容易就找到了那栋大楼。走进去看看，下班之后，里面没有什么人，只有一个值班员在打瞌睡。那么高大的玻璃屋顶，斜阳懒懒地照射下来，楼梯上的铆钉、悬挂在大厅里的百年老电梯的铁栅门都擦得锃亮锃亮的，一只花猫在楼梯上打瞌睡。我当时好像是走在一个时间隧道里，回到了百年前的洛杉矶，品味着一种工业化时期，并且是19世纪工业化时期未来主义的美。那种感觉真太好了！我就找了个长椅，在那里坐了半个小时，恍惚想起好多往事来。工业化这种怀旧感，居然有这么好啊！

我写建筑、设计的散文成了习惯，但是有些时候仅仅是一个任务，写起来并不感动。自己不感动，你怎么能够让读者感动呢？布莱伯利大楼是真正感动了我的一个大楼，特别是室内设计，那种强烈的19世纪对工业化的信心、骄傲、张扬、强烈的表现，实在很让我感觉震撼。这些年来，我拉拉杂杂地写了好多城市，写了好多建筑，写了好多设计，因为自己的工作是设计理论，所以主要集中在谈城市的规划和建筑上，集中在工业产品上。那些文字集中起来，也居然成了好几本书，比如《巴黎手记》。这些小书，在我仅仅是笔记文字，读者却很喜欢，可见有时候并不一定需要通过大本的论著来谈设计，笔记、随笔也是有自己的读者群体的。写的文章多，有好多自己都忘记了，而这个布莱伯利大楼，则是我看了之后很难忘记的一个好作品。

每个城市都有这个城市的精华建筑作品。如果一个城市连精华建筑都没有，这个城市谈不上是完整的城市，仅仅可以称为"居住区"而已了。我去过的城市很多，好多精彩的建筑都能够打动我，因此也写了好多文章来讲这些建筑。最近一段时间来，有些读者问我：你在洛杉矶、在加利福尼亚住了几十年，为什么不多见你写洛杉矶、加州建筑呢？我看到这个问题，也感觉有点怪异。洛杉矶是美国现代建筑的重要中心之一，在包豪斯还在探索现代建筑的时候，洛杉矶已经出现了理查德·纽特拉（Richard Neutra）和鲁道夫·辛德勒（Rudolf Schindler）设计的钢筋混凝土框架结构住宅，出现了他们设计的全钢铁结构、玻璃幕墙的住宅。从建筑的纯粹性上，完全可以和世界著名的密斯·凡·德·罗的1929年巴塞罗那世界博览会德国馆以及柯布西耶的萨沃伊公寓相比。弗兰克·赖特在这里设计了一系列住宅，标志他的设计从"草原住宅"时期进入到具有 Art Deco 风格的"天竺葵风格"时期。当代建筑的解构主义大师弗兰克·盖里，新现代主义大师理查德·迈耶都是洛杉矶的建筑师，在这里有不少杰出的作品。洛杉矶的建筑历史，基本可以涵盖现代建筑设计史的各个时期、各种风格、各个层面。之所以没有怎么写洛杉矶，我想主要原因是自己感觉身边的设计随时可以看到，好像我是广州人，不怎么写广州的建筑一样。

洛杉矶的建筑，好多人感觉只有现代和当代，没有类似 Art Nouveau（新艺术运动）或者 the Arts and Crafts（工艺美术运动）的作品，更没有维多利亚时期、新古典主义时期的建筑，其实是错的。洛杉矶开埠二百年，基本哪个时期的都有，并且有极为突出的典型建筑。比如代表工业化早期的现代结构、古典装饰结合的布莱伯利大楼，在全世界同期的建筑中都是极为精彩的一个。

布莱伯利大楼位于洛杉矶老市中心，在第三街和南百老汇道交界的十字路口上，很容易找到，但是因为这个建筑物外表并不显眼，因此好些在洛杉矶住了一辈子的人都完全不知道它。我也是在《银翼杀手》中第一次看到这个建筑的，影片富于黑色未来派风格，背景就是布莱伯利大楼。侦探萨巴斯蒂安的住宅、走廊、屋顶都是这个建筑，那种工业化和装饰主义混杂，加上希腊作曲家雅纳吉斯的电子合成器音乐，给我留下非常深刻的印象。后来仔细看看，发觉早在1974年波兰斯基的电影《唐人街》中也用了这个建筑做背景。这个建筑因为其独特的设计，在几十部电影、电视剧中出现，已经成具有科幻色彩的工业化时期的象征了。

布莱伯利大楼的名称来自开发商刘易斯·布莱伯利（Lewis Bradbury），他是银矿老板，亿万富翁，到晚年的时候，投资建设一座办公大楼。那是在1892年，在市中心买了这块地，就在市中心那个小山丘"崩克山"（the Bunker Hill）对面。他首先找了当地建筑师索姆纳·亨特（Sumner Hunt）设计这个建筑，但是对亨特提出的方案不喜欢，因而找到了亨特公司的绘图员乔治·维曼（George Wyman）做设计。维曼怕亨特知道，就用他自己已经去世了的哥哥的名义接下项目，把设计做出来了。因

为是用去世的人的名义做的,因此,洛杉矶当时流传"鬼魂设计的大楼",给这个建筑物带来神秘的色彩。

维曼本人是一个很有幻想色彩的建筑设计师。他曾经出版过关于乌托邦时代的著作,在1887年出版的这本书里面,他在构想2000年的洛杉矶建筑会是什么形式的,社会是怎么样的。他在书里面特别提到建筑特点:室内大厅充满了阳光,这阳光是从几十米高的玻璃穹顶上撒下来的,墙面和顶棚的表面处理使得阳光柔和,整个室内都明亮而舒适。他的这些描述,都具体地体现在布莱德雷大楼的设计上。

这个建筑的外表之所以不那么引人注目,是因为采用的是当时比较流行的意大利文艺复兴风格,也就是新古典主义。新古典主义是19世纪欧美流行的风格,好多西方城市市中心大楼都用这种风格,做设计的人称这种风格是"商业浪漫主义"。因此,布莱伯利大楼很容易和旁边的大楼融为一体,毫不张扬。但是,一旦走进大楼,就会有豁然开朗的感觉,因为整个天顶部分都是铸铁构件的穹顶,玻璃天棚使得阳光从上到下,室内非常明亮,墙面用的陶瓷马赛克镶嵌,柔化了阳光,但是不吸收阳光,这样室内光线非常柔和,却依然明亮。

这个建筑是钢筋混凝土结构的,内部走廊都朝玻璃穹顶下的中庭,长方形、5层楼的建筑走廊、楼梯都是用铸铁构件做的,而电梯也是暴露在外部的,高度突出了机械精美。铸铁栏杆、走道都有精美的花纹,而全部钢铁构件,包括楼梯、走廊、栏杆、电梯,都是黑色的,和暖棕色的室内陶瓷马赛克墙面、地砖对比,给人一种震撼的感觉。我虽然看过不少工业革命以来的铸铁建筑物、温室型建筑物,但是能够给我这样感觉的作品却不多,布莱伯利大楼可以说是19世纪把工业美学和装饰美学融合得最精彩的一个,堪称典范。

整个建筑是长方形的,中庭宽敞,阳光充沛,而5层楼面对中庭的走廊上,都用悬挂型的植物装点,很有科幻感。这个建筑物太精彩了,1977年被列入美国历史建筑杰作。

这个建筑很长一段时间都是办公楼,好多企业在这里办公。2001~2003年这里是洛杉矶的A+D艺术博物馆,现在是洛杉矶警察局和其他的一些政府部门的办公地点。因为政府使用了这个建筑,所以建筑成为公共性的,平日都开放给民众参观。

因为有了鲜明的设计特征,又在通俗文化、电影、小说中多次出现,布莱伯利大楼就成为洛杉矶的一个旅游热点。因为建筑而形成旅游的案例不少,布莱伯利大楼也是其中很有代表性的一个范例。我们讲现代建筑发展史,开始就是工业化时代的创造,而布莱伯利大楼正好是工业时代开始的重要地标建筑物。一个城市,有这样的作品,是多么自豪啊!

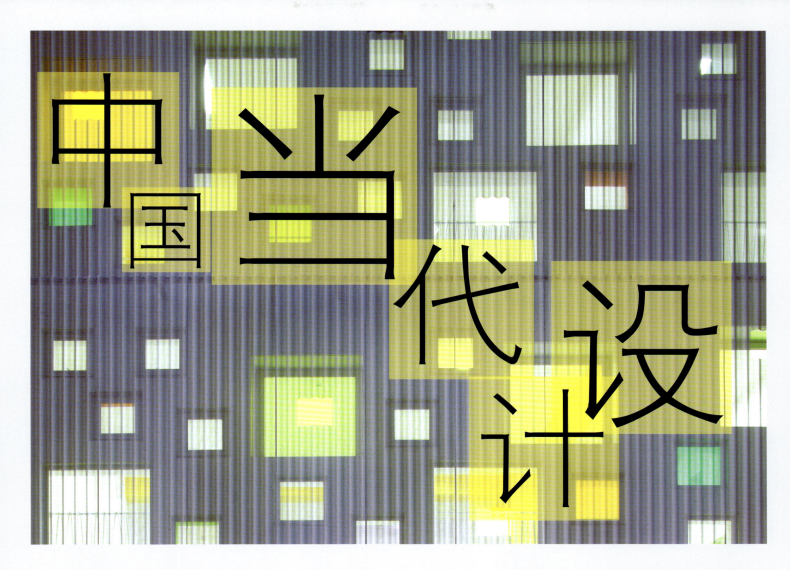

中国当代设计

撰　文 | 常雨

近十年来,中国设计界始终处于一种"亢奋"状态。经过了多年的"原版空运"和"中西结合",一些具有民族情节的设计师开始寻找中式建筑的传承与发扬。此时,一直被漠视的中国传统建筑文化也成为了一门"显学"。

然而,在全球化的背景下,中式建筑到底"中"在哪里?何为传统,又如何继承?这几乎是个只能尝试,不能讨沦的问题。

20世纪90年代,那些曾经以叛逆姿态游离在主流社会之外的实验建筑师在中式风潮中渐渐崭露头角,他们的作品引发了中国建筑界回归乡土建筑的情愫,那种沉浸在中国情境中的力量为其艺术指向。但随着这些设计师早年间寻找到了自己的符号之后,他们已经不敢有所突破了,只是把假想的红线往上挪了又挪,充当自己依然还在冒险。他们的设计因为重复而具有了市场力量。这不是阿伦特所写的那种"没有陈词滥调就绝不开口"的"平庸的恶",这样的面貌在面对飞速变迁的社会时,却越来越失去了可对接的现实意义。

而当我们去回答何为中国当代设计这样宏大的命题时,我们更希望寻找一些新鲜的语言。此次,《室内设计师》为读者寻找了一些活跃在中国当代设计界一线的设计师们的最近力作,他们各自使用了自己的方式来表达对中国当代设计未来的思考,我们看到,当设计师们的技巧愈加成熟后,中国当代设计的格局正在改变中。

嘉定新城幼儿园
KINDERGARTEN IN JIADING NEW TOWN, SHANGHAI

摄　　影	黄涛、徐思
资料提供	大舍

地　　点	上海嘉定新城区洪德路
建 筑 师	大舍（柳亦春/陈屹峰）
设计小组	陈屹峰、柳亦春、王舒轶、刘谦、高林
设计时间	2008年4月~2008年12月
建成时间	2010年1月
建筑面积	6600m²
用地面积	12100m²

　　作为活跃的当代建筑师，大舍建筑设计事务所近年来的创作一直试图寻找当代建筑中的传统。而将这样的豪言壮语落实到现实的创作中后，大舍的作品却并不具备"写真"倾向，而是擅长用抽象的手法来记录心中的江南。他们的作品总有着江南的意趣，画面感很强，充满着空灵的禅机。这一超越狭义文化环境之外的理解方式也透露出建筑师成熟的文化立场。大舍的新作嘉定新城幼儿园又是一个很好的佐证。

——编者按

解读

嘉定新城幼儿园位于上海北部郊区一片旷野之中，和我们其他习惯于尝试分散体量的设计策略不同，这次是选择了将完整且有力的体量矗立于空旷的环境中。

建筑由两个大的体量南北并置而成，北侧这个体量是主要的交通空间——一个充满了连接不同高度高差的坡道的中庭，南侧这个体量则是主要的功能教学用房，总共有15个班级的活动室和卧室，还有一些合班使用的大教室。

以坡道为主要交通联系的中庭提供了超越日常经验的空间体验。这是一个令人兴奋的、有趣的、有活力的、有想象力的空间，是每个儿童每天在进入这幢建筑之后，再分别到各自的教室去的必经之路，这是一个被刻意"放大"了的空间体验，它揭示了这幢建筑所有与众不同之处的根源。

中庭空间内的高差变化最终以一种内在的必然性反映到建筑的南立面上。这种平面高度上的错动令这座建筑充满动感，在高差发生变化的位置还有意设置了一些向内凹的户外活动空间，一方面这加剧了高差变化在立面上的可视程度，另一方面也令传统意义上的沿水平方向展开的庭院组织模式转化为沿垂直方向展开，"庭院"及其幼儿的活动由此成为建筑立面的一部分。

空间的模糊和不确定性为这座幼儿园的使用提供了更多的可能性。

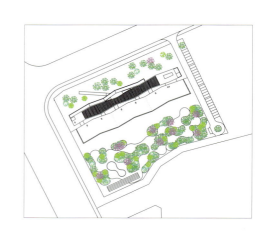

1	3	5	7
2	4	6	8

1-3 建筑外观
4 总平面
5 各层平面
6 剖面图
7-8 立面局部

解读

底层平面

一层平面

二层平面

三层平面

屋顶平面

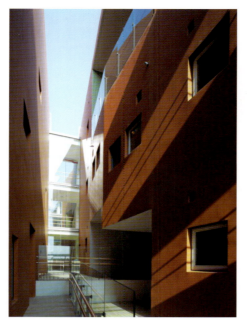

1-2　户外通道
3-5　交通空间
6-9　不规则的开窗在室内外都带来了丰富的光影和景观效果

解读

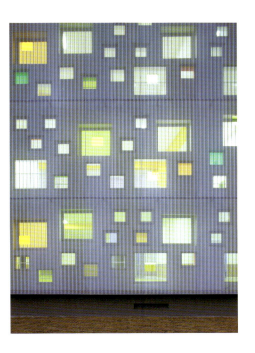

周春芽艺术工作室：生长于村野
ZHOU CHUNYA OFFICE SHANGHAI

撰　文	童明
摄　影	童明、吕恒中
地　点	上海市嘉定区马陆镇大裕村
基地面积	3000m²
建筑面积	1460m²
设计时间	2008年~2009年
建造时间	2008年~2009年
建筑师	童明、黄潇颖
合作单位	江苏中和建筑设计有限公司

周春芽艺术工作室地处上海郊区嘉定区的马陆镇大裕村。伴随着上海中心城区的快速发展，城市外郊的一些农村地区却陷入停滞或者衰退状态，许多村办企业事实上已经处在关停阶段。为了配合正在积极推进的新农村建设，嘉定区政府决定通过引入文化艺术产业以及著名艺术家，结合对于废旧村镇工业的改造，为城市外围相对偏远的农村地区重新注入新的发展活力，以实现新兴文化产业与乡村优美景观的结合。

工作室选址于村内一片南沿马路、三面环水的基地，其上是一座业已停用的乡村工业厂房。在开展设计之前，厂区内已经存有一幢由另一位艺术家移建而来的传统木构建筑，它在建造过程中将被完整保存下来，并成为新建工作室的一个主要构成线索，以此形成由建筑——庭院组合而成的空间序列。

基地周围是典型的江南水乡风貌，在这样一种多雨潮湿的乡村环境中，首先确定的是将清水混凝土选择为主要的建筑材料，因为它坚固、持久、耐腐。更重要的是，随着时间的推进，它可以更加完美而且毫无障碍地与所有的自然因素融为一体。清水混凝土的工作方式是一次性铸模而成，因此室内与室外空间、建筑结构与机器设备、管线布局与细部节点等内容都必须在开工之前落实清楚，这样也对设计过程中的想像力提出了更多的挑战。

在建筑格局方面的考虑因素则取决于艺术家本人的工作要求及其生活构成，同时还需兼顾艺术工作室的公共性与私密性两方面特征。周春芽艺术工作室作为一种艺术机构，它一方面可以容纳展示空间和社会空间，另一方面需要成为艺术家个人的创作空间和生活空间。

因此工作室在总体上被区分为东西两个部分。东侧沿河为7m高的长条体量，以容纳艺术家甚至可以从事大型雕塑创作的工作空间，总体上对外保持相对封闭，在二层的南北两端则包含有居室、书房以及为工作室所配置的储藏空间等等。建筑的西部则结合传统木构建筑，形成工作室的办公机构、接待空间以及后勤空间序列。

基地四周遍布着香樟苗圃，葡萄庄园，芦苇渔塘，这种自然而野趣的环境也就成为了建筑设计的重要起点。由于东西两部分的建筑在总体上存有高差，一层楼高的西侧部分其屋面设计成为屋顶平台，与东侧的二层部分相衔接，并经由各种楼梯、走廊等交通联系与艺术家个人的工作空间和生活空间联络起来，一方面扩大了公共面积，提供了多重的使用可能性，以适用于艺术家较为频繁的公共展示活动，另一方面也为工作室提供了一个关于四周景观的开敞视野。

解读

1 混凝土窗景
2 总平面
3 东沿河立面
4 工作室平台与田野
5 各层平面

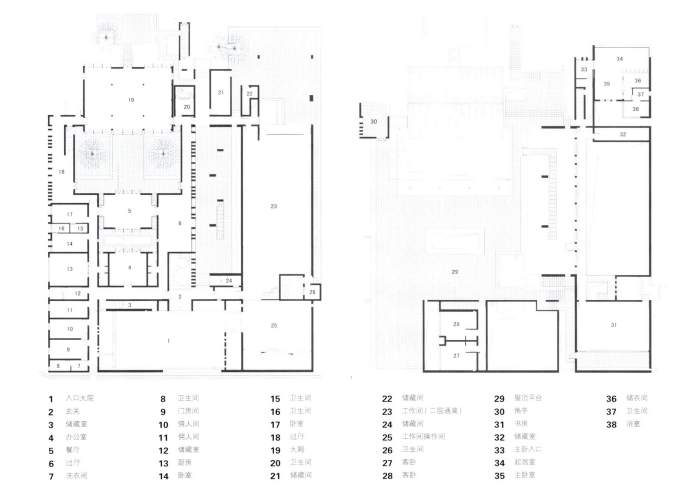

1 入口大院	8 卫生间	15 卫生间	22 储藏间	29 屋顶平台	36 储衣间
2 玄关	9 门房间	16 卫生间	23 工作间(二层通高)	30 角亭	37 卫生间
3 储藏室	10 佣人间	17 卧室	24 储藏室	31 书房	38 浴室
4 办公室	11 佣人间	18 过厅	25 工作间操作间	32 储藏室	
5 餐厅	12 储藏室	19 大殿	26 卫生间	33 主卧入口	
6 过厅	13 厨房	20 卫生间	27 客卧	34 起居室	
7 洗衣间	14 卧室	21 储藏间	28 客卧	35 主卧室	

解读

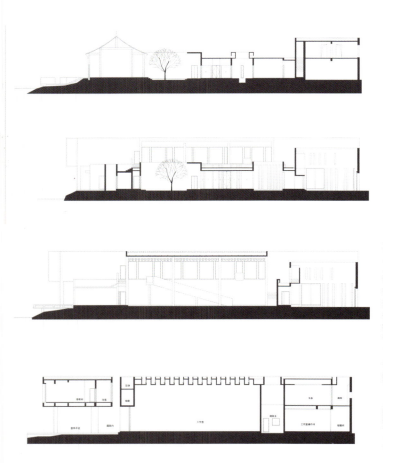

1　屋顶平台西侧立面
2　剖面图
3　模型
4　工作室二层外望

解读

解读

1 内庭院
2 内庭院楼梯
3 北侧平台
4 大殿庭院
5 内庭院
6 内走廊
7 工作室内景

解读

解读

万科塘厦双城水岸会所
VANKE TANGXIA SHUANGCHENG SHUIAN CLUB

撰　　文	周恺、张一
摄　　影	魏刚、杨超英、周恺
资料提供	天津华汇工程建筑设计有限公司

工程名称	万科棠樾居住区
地　　点	东莞塘厦镇
建筑面积	12000m²（地上部分面积5700m²，地下部分面积6300m²）
设计单位	天津华汇工程建筑设计有限公司
方案主创	周恺
设计团队	张一、李兴茁、郭永宽、武振衡、林蓓、王喜林、朱元、曾永捷

人们习惯性地夸耀中国历史的漫长和延续性，却经常发现他的四周都是"崭新"的。人们也很难看到一幢超过一百年的建筑，对二十年前的事也都记忆不清。生活在其中的人们，像是无根之萍，他们困惑、焦灼、滑稽、痛苦。

对建筑师来说，从传统中获取价值和意义，亦能为那些渴望寻找身份的认同的人提供安神的良剂。那个原本取名"棠樾"的万科塘厦双城水岸会所就从中国传统的徽派建筑中汲取了灵感，以朴素而内敛的建筑手法为人们开辟了一个能放松心灵的空间。

基地的环境极好，北临仙女湖，西接世界最大的观澜高尔夫球场，南、东被大屏障的森林公园包围。整块用地被企洞水库和虾公岩水库分为三块，依山傍水，自然条件得天独厚。大一期用地约为29万m²，建筑面积约为19万m²。一条S型的中央景观大道成为主要的空间组织元素。大道东侧的现状地坪比周边道路略低，恰恰为人工河道的引入提供了充分的理由，也同时成就了我们一期"水城"的概念。

商业会所部分位于中央景观大道西侧水景最好的独立地块上。整组建筑呈五进院落，串连在对位于小区主入口的轴线之上。第一进为"礼仪"性前庭院，可为来访人、车提供简单停留；第二进为由景观水池环绕的400m²的大堂（近期用作售楼大厅），地坪顺地势抬高半层。屋面采用加拿大进口胶合梁精心设计为端头稍作异化处理的坡屋顶形式。站在西侧半室外檐下平台上，视线直抵水景最深远处。再向上半层进入第三进，为与第五进院落形制相似的过渡性方院，并各以"水"和"树"为主题进行景观布置。序列的高潮出现在第四进的"院中院"。一座甲方买来并按原样复建的徽式老戏楼被我们轴向垂直地"放"在第四进院子中间。形制为公共建筑的"老房子"比"第五园"规模更大，并与第二进院落的胶合梁"新"坡屋面形成很好的对比与呼应。几进院落虽有中轴但并不对称，总体顺应东高西低的现状地形"生长"而出。正好东侧面向联排别墅一侧主要为覆土和乔木种植，西侧则面向水面，充分开敞。会所地上、地下总建筑面积约为12000m²，提供餐饮、会议、健身等多种功能并可容纳近百辆机动车停靠。

立面材料大面积采用灰色洞石火山岩，以块状"花砌"和片状四分之一错缝贴面两种形式完成几乎全部墙面处理。在与联排别墅取得一致色调的同时获得更佳的品质感。

解读

| 1 | 2 |
| 3 | 4 |

1　第一进为"礼仪"性前庭院
2　水池的元素经常出现在院落中
3　总平面
4　立面材料大面积采用灰色洞石火山岩

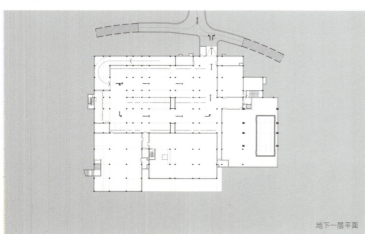

地下一层平面

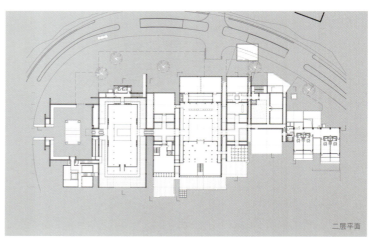

二层平面

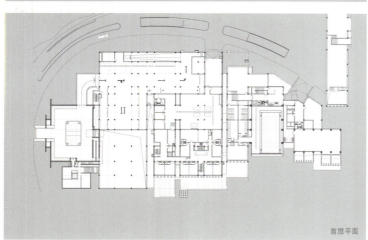

首层平面

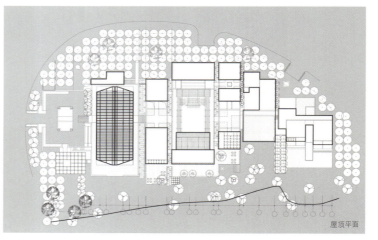

屋顶平面

1	3	4
2	5	6
		7

1　过渡性方院
2　各层平面
3　会所模型
4　会所鸟瞰图
5-6　过渡性方院以大树和水为元素进行景观布置
7　二进的坡屋顶做了精心的异化处理

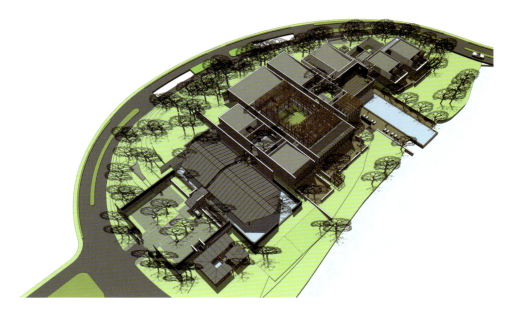

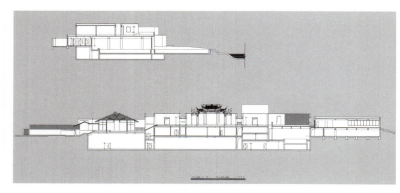
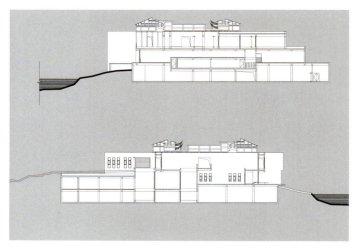
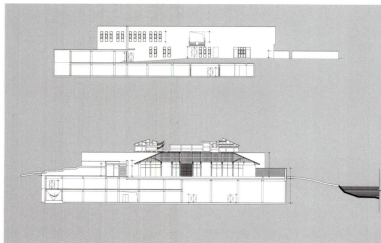
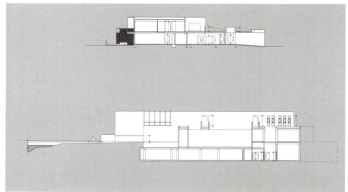

1		3	4
2		5	
		6	7

1　剖面图
2-7　"二进"是由景观水池环绕的400m² 大堂，图为室内

解读

朱家角人文艺术馆
ZHUJIAJIAO MUSEUM OF FINE ARTS

摄　　影	Iwan Baan
资料提供	山水秀建筑事务所

地　　点	上海朱家角
基地面积	1448m²
建筑面积	1818m²
设计时间	2008年7月
竣工时间	2010年7月
建筑设计	祝晓峰、李启同、许磊、董之平、张昊（山水秀建筑事务所）
结构机电设计	钟瑜、吴延因、任民、郑海安、鲍华（现代华盖建筑设计有限公司）
景观设计	庄镇光、沈懿荣（Topo Design）
室内设计	董小波、郑晨韵（都品建筑设计）

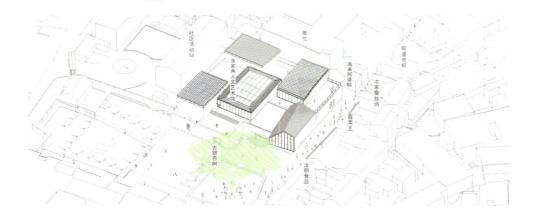

1 建筑外立面
2 建筑轴测图
3 建筑草图
4 古银杏广场，自古就是人们约会碰头的聚集地

作为上海保存最完整的水乡古镇，朱家角以传统的江南风貌吸引着日益增加的来访者。人文艺术馆位于古镇入口、美周弄旁，东邻两棵470年树龄的古银杏。这座1800m²的小型艺术馆将定期展出与朱家角人文历史有关的绘画作品。

在古镇里造新建筑，必然会表现出对古镇传统风貌的态度。在整体布局上，高度的严格控制和体量的化整为零表达了建筑师对历史环境的尊重；而在具体形式上，这座21世纪的现代建筑没有重复传统，而是从自身的空间需求出发，通过对文脉因地制宜的回应，自然地形成新的建筑语言，使新建的人文艺术馆与周边的传统民居和谐相处而又呈现新意。半开放院落空间的引入使抽象简单的建筑和周围充满质感的文脉建立了牢固的视觉关系，也将自身融入了这个文脉。这些院落中所能容纳的多元化活动也因此拥有了"古镇"和"新建筑"的双重背景。

观赏

这座建筑营造的是一种艺术参观的体验，这种体验是根植于朱家角的，而建筑是这一体验的载体。

在空间组织中，位于建筑中心的"阳光天井"是动线的核心。这个室内中庭把光线引入首层，所有的展厅都环绕它来布置。首层的空间体验是"内聚"，沿环路行走的参观者会一直受到天井内光线的召唤和指引，但围而不入，一层的观展结束时，参观者方能步入"阳光天井"，循着一部曲折的木梯上楼。来到二层，空间的体验反转成"发散"，阳光天井外圈的环廊内实外透，将分散在几间小屋中的展厅，以及展厅之间风景各异的庭院串联起来。这种室内室外配对的院落空间参照了古镇的空间肌理，使参观者游走于艺术作品和古镇的真实风景之间，体会物心相映的情境。在二楼东侧的小院，一泓清水映出老银杏的倒影，完成了一次借景式的收藏。这幅特殊的"倒影画作"是朱家角人文艺术馆最珍贵的收藏，因为她是不可移动、也无法复制的。

雅集

朱家角人文艺术馆不是都市里的大型展览中心，而是古镇里的小型艺术馆。她的个性不是壮观、雄伟、宏大、张扬，而是清秀、温婉、质朴、低调。

建筑如此，内里的人和事亦然，此馆适合"雅集"，而非"大会"。

馆里有大大小小的室内空间10个，室外庭院5个。这些空间有尺度的增减、节奏的收放、明暗的交错，因此，也就和江南传统的院宅一样，有了光阴的流转。在不同的时节，这些空间在展览之余，更是文人同好的交流之所。二层小厅与小院的"配对"空间，将非常适合小型的个展活动。风格迥异的展览、质地有别的院落、视角不同的风景，人文艺术馆能够提供和容纳多元的文化氛围，也因此而激发文化的互动和交流。

古镇中，明月下，古树畔，露台上，清风徐来的一刻，体味空间对精神的提升。

约会

朱家角人文艺术馆门口的古银杏是上海最老的三颗古树之一，始植于古镇发源地——原慈门寺，自古就是人们"约会"、"碰头"的公共聚点。

原先的公共空间仅限于大树下喧嚣的"古银杏广场"，在新建筑完成之后，人与这颗古树的关系、以及人与人的交流方式得到了空间上的拓展，并因此生出新意：在半层的图书茶室里隔着朦胧的落地窗，以一种"帘后"的方式窥视围着大树瞻仰的人群；在半围的北侧小院里，俯瞰美周弄上熙熙攘攘的游客；在离古树最近的"木院"露台上小坐或者招呼树下的人；在每个独立的小展室和南侧、西侧的封闭小院里，私密的交流得以延续；最后，走进二楼东侧的水院，远离了喧嚣，在纯净的空间里，邂逅了古银杏和她的倒影，这一刻，中国式的含蓄和静谧，是人与人的约会，也是人与古树的约会。

| 1 | 2 |
| 3 | 4 |

1 二楼东侧的小院，一池清水映照出老银杏的倒影，完成了一次借景式的收藏
2 各层平面
3-4 二层环廊内实外透，将将分散在几间小屋中的展厅及展厅间风景各异的庭院串联起来

解读

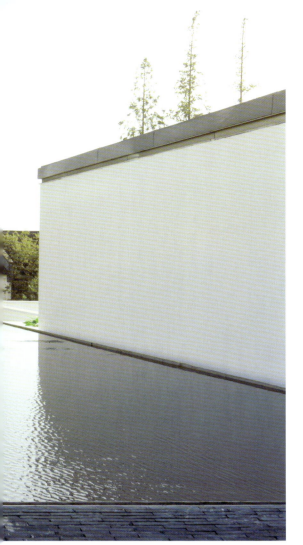

一层平面

二层平面

解读

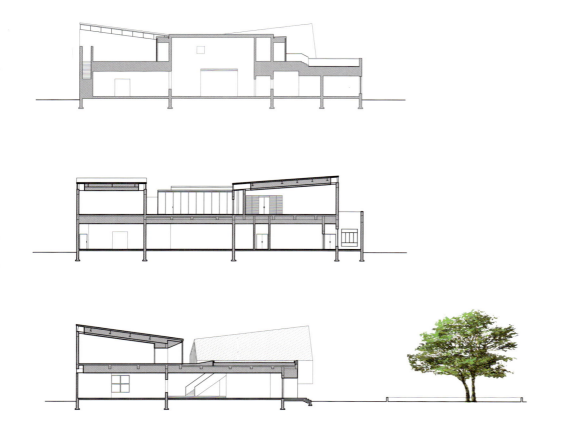

布局：分散
Configuration: Dispersal

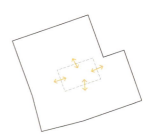
一层：环绕
Ground Floor: Surround

二层：发散
Second Floor: Divergence

解读

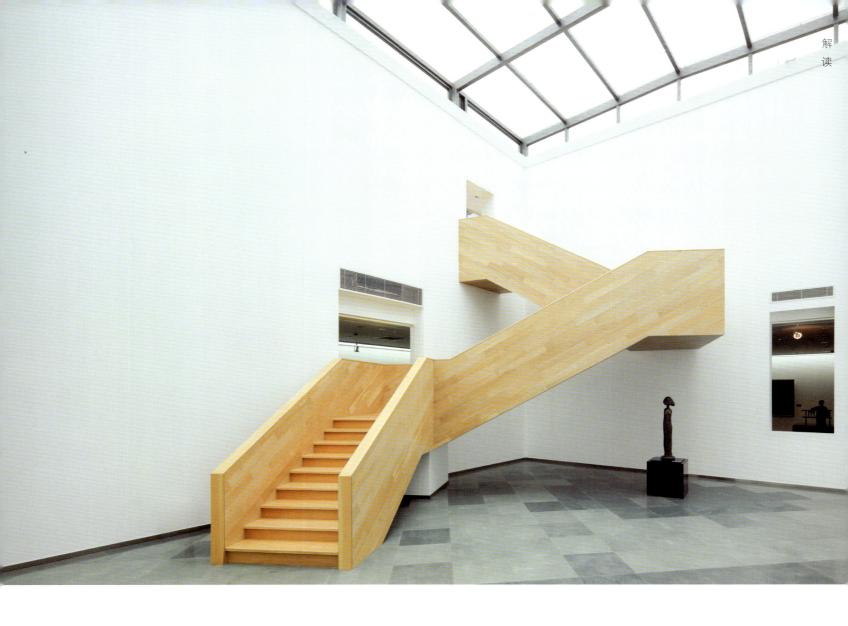

1　展厅
2　剖面图
3　构成概念分析图
4-7　室内空间

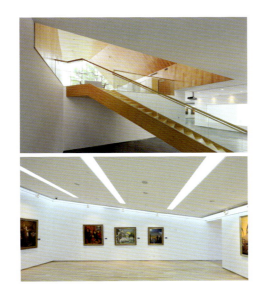

解读

碉堡
CIPEA 4# HOUSE

撰 文	徐明怡
资料提供	张雷联合建筑师事务所
项目名称	南京国际建筑艺术实践展4#住宅
建筑师	张雷/张雷联合建筑事务所
设计合作	南京大学建筑规划设计研究院
建筑面积	500㎡
占地面积	150㎡
层 数	4层
设计时间	2008年11月~2009年01月

张雷善变。你很难看到这位高产的建筑师对某种符号特别专一。

当人们还沉迷于扬州三间院、南京高淳诗人住宅中的那些"疯狂的砖头",并意犹未尽时,张雷却宣布自己不玩砖了。他说:"在我没有想到更好的表达方式时,我不会再用砖了。"

对一名成熟建筑师来说,放弃自己的符号是需要些勇气的,张雷一直希望以自己旺盛的创作欲实现自我突破,位于南京佛手湖畔的4号住宅就是他新一轮的尝试。这座白色的混凝土房子4层高,光滑而纯白,非线性的体态婀娜而多姿。远远地从山顶望过去,整栋住宅被周边树梢遮遮掩掩,但表皮上那些大大小小的"眼睛"却牢牢抓住了别人的眼球。

在讨论一个房子的成败时,不能忽视的是建筑师创作这栋房子的背景与初衷。4号住宅其实是中国国际建筑艺术实践展这个大集群项目中的一座小房子,同时参加的还包括斯蒂文·霍尔、矶崎新、妹岛和世、刘家琨、周恺等国内外著名建筑师。在其他建筑师都选择将房子水平向展开时,张雷却把他的房子立了起来,叠加成4个盒子。在谈及将房子向"高处"发展的原委时,他说:"减少基地开挖的面积可以尽可能多地保护周围地形,尤其是基地旁的小山坡。"只是素来对形态迷恋的他决计不会简单地堆起四个盒子,他依然要在这个简洁的形态中制造冲突,他所谓的"冲突"其实是在寻找对立与统一的平衡点,用他的话来说,就是"密斯加扎哈",他希望他的设计"不是完全几何的秩序,也不是非几何的无序,是一种中间的关系",这些对他来说,才是真正有趣的地方,亦是个挑战。

张雷的房子一直没有什么主义,比如现代主义、解构主义,他喜欢把建筑作为一种回归,除了以最合理、最直接的空间组织去解决问题外,将一些传统或普通的建筑材料拿出来进行变异,在用上的时候提供一个新的活力,亦是他所擅长的。砖头只能定义为实践的一部分,而混凝土是这次的正在进行时。在他的设计下,普通的造价、普通的白色混凝土塑造的白色房子有着丝绸一般的质感。

房子的结构非常精巧,起居室和餐厅布置在底层幽静的丛林之中,屋顶布置活动平台和水池,几乎和周围的树梢同高,这是此宅的另一个自然之中完全开放的起居空间,亦是个能抖出些"哲学包袱"的所在。张雷说:"我把这个房子叫做'碉堡',我很喜欢这个名字。对外界而言,碉堡是种控制,它可以控制周围的事物,但人在其中,却没有被禁锢起来。这种看与被看的双重关系其实是挺中国的居住方式。"建筑师同样从风景中压榨出了很多他所需要的东西,各层的裂缝在不同的位置通过凹凸放大成弧形景框,这些存在于建筑表面的裂缝有大有小,景色也因此就变得不同起来。从每层房间往外看,周边的风景慢慢展开,就仿佛传统中国绘画横轴展开的山水。 END

解读

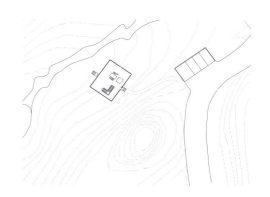

1	2
	3

1　白色混凝土房子掩映在树丛中
2　基地平面
3　各层平面

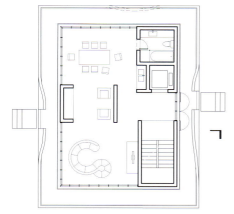

一层平面

二层平面

三层平面

四层平面

解读

1　树梢遮掩下，表皮上大大小小的"眼睛"颇为吸引眼球
2　剖面图
3-4　立面效果图
5　非线性的体态婀娜多姿

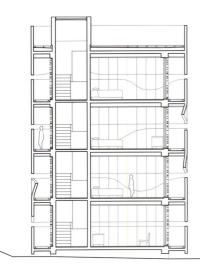
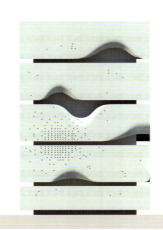
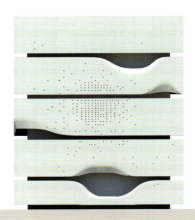

解读

1　叠加而非平面展开的形体可减少基地开挖面积，尽可能地保护地形，特别是基地旁的小山坡
2　屋顶视野开阔
3　模型

杭州唐宫海鲜舫
TANG PALACE, HANGZHOU

撰　　文	张永和
资料提供	非常建筑

地　　点	杭州市江干区富春路701号万象城六楼
业　　主	香港唐宫饮食集团
面　　积	2460m²
材　　料	竹、复合木板、水磨石
建筑设计	非常建筑
主持设计师	张永和
项目负责人	林宜萱
设计团队	于跃、吴瑕、王兆铭
竣工时间	2010年7月

　　杭州唐宫海鲜舫餐厅位于杭州新城区大型商场的顶层，拥有近9m的层高以及南侧开阔的视野。我们选用了复合的竹板作为主材料，成为强调传统与现代相结合的设计主题。

　　在大厅中，利用原有的层高优势，我们将部分包间悬吊于顶上，创造出高低层次的趣味性并丰富了空间的视觉感受。因为在原有的建筑条件下，大厅中心巨大的核心筒和侧边悬挑的半椭圆形体块使空间显得零碎杂乱，我们以一片用薄竹板编织、从墙面延伸至天花的巨大透空顶棚，将空间重新塑造。如波浪起伏的竹顶棚，构筑了大厅里戏剧般的场景。而视线穿过透空的竹网，不仅保持了原有的层高优势，亦使得上下层有了微妙的互动关系。在原来的核心筒外，我们以透光竹板包覆四壁形成灯箱，使得原本沉重的混凝土体量变为空间中轻盈的焦点。

　　入口门厅亦延续竹的主题。墙面覆以竹材，并顺应原有的墙体处理成如波浪状流动的弧面，除了与大厅的顶棚相呼应外，也具有空间导引的功能，并带给顾客一进入餐厅就有耳目一新的感受。

　　包间的设计则强调同中有异的区别。一层的包间较大，从天花到墙面的折板和两侧镂花透光墙面是共同的基础语汇，但每间各自不同的折板角度和镂花图案，则使得各个房间有了彼此相异的面貌。南侧夹层上方的包间略小，藉由特殊的曲面顶棚造型和简洁单纯的竹材墙面，营造出空间趣味并显其大方。至于作为空间重点的悬挂包间，以空桥和侧边走道连接，半透明的墙面形成隐约的内外关系，使不论在其内或外的人都产生特殊的空间体验。

　　在这次的设计中，我们希望藉由对新型竹材的不同应用方式，能塑造出彼此相异却连贯、一体的空间感受；并在追求空间创意的同时，也保持了对当地文化的尊重。

解读

1	4
2 3	5

1　部分包间悬吊于顶上，创造出高低层次
2-3　各层平面
4-5　薄竹条编织的巨大透空顶棚统一了因核心筒和侧边悬挑体块带来的空间凌乱感

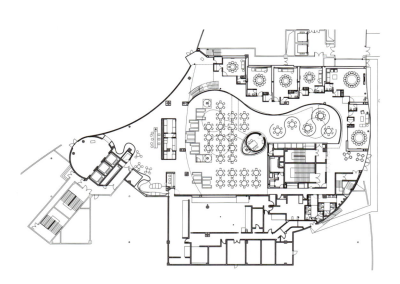
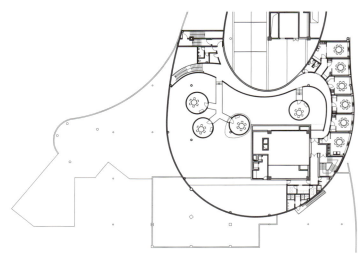

1　复合的竹板作为主要材料
2　剖面图
3　悬挂包间以空桥和侧边走道连接
4　结构分析图
5-8　透光竹板使沉重的混凝土体量变得轻盈，如波浪般起伏的墙面弧线使空间更加流畅

解读

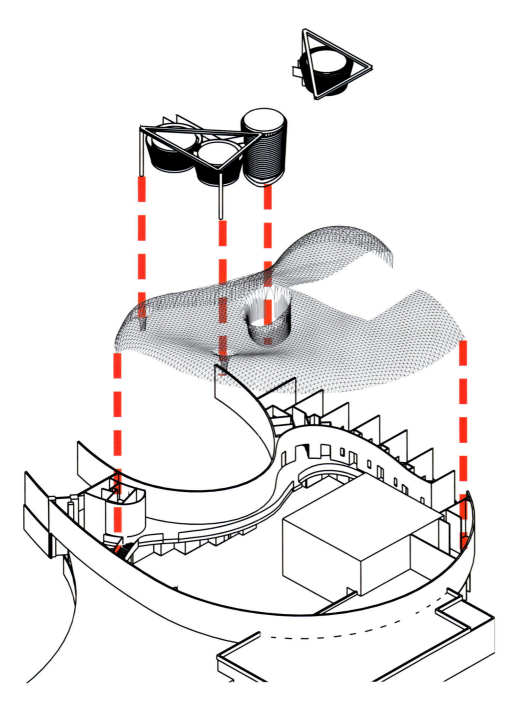

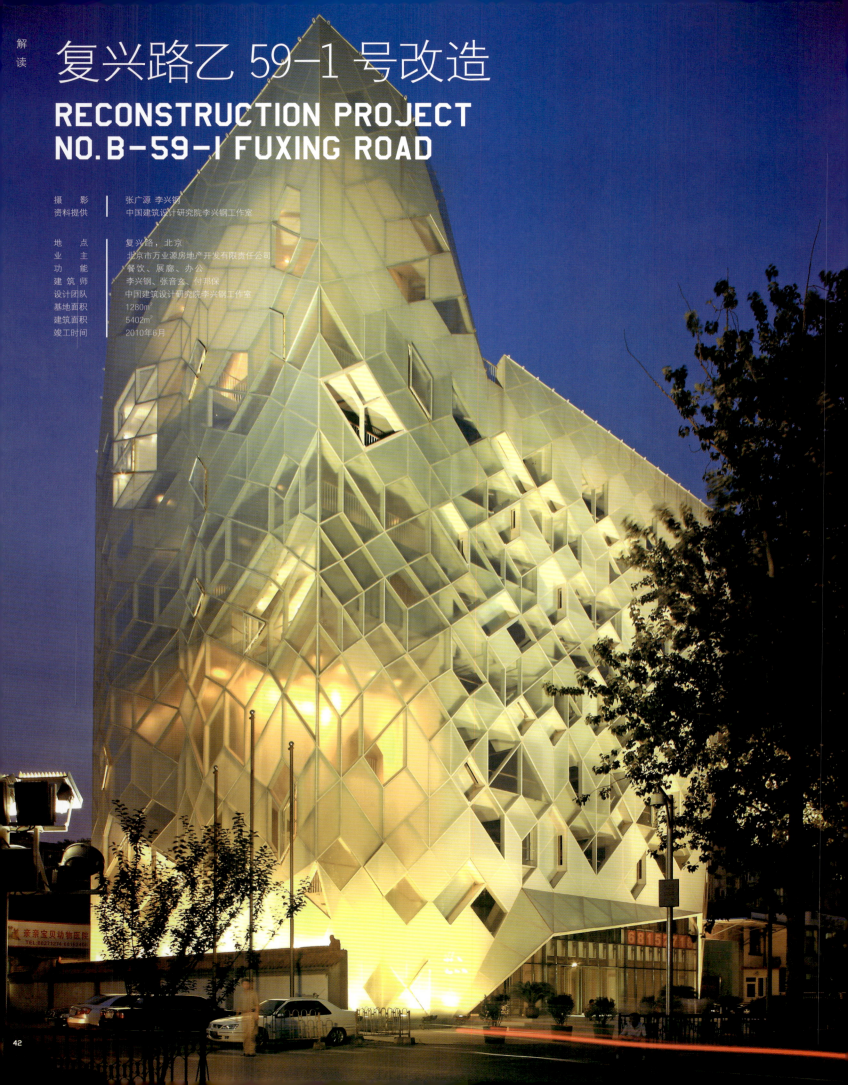

解读

复兴路乙59-1号改造
RECONSTRUCTION PROJECT NO.B-59-1 FUXING ROAD

摄影	张广源 李兴钢
资料提供	中国建筑设计研究院李兴钢工作室
地点	复兴路，北京
业主	北京市万业源房地产开发有限责任公司
功能	餐饮、展廊、办公
建筑师	李兴钢、张音玄、付邦保
设计团队	中国建筑设计研究院李兴钢工作室
基地面积	1280m²
建筑面积	5402m²
竣工时间	2010年6月

1　建筑夜景
2　建筑外景
3　总平面
4　首层平面
5　立面局部

解读

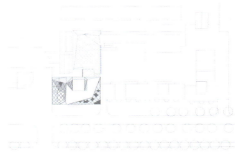

复兴路乙59-1号位于长安街西延长线复兴路北侧，原建筑于1993年建成，结构形式为九层混凝土框架结构，一至四层为办公；五至九层为公寓。基地南侧面对复兴路；东侧与一栋九层住宅楼紧邻；西侧为宾馆和加油站；北侧为内院兼作停车场。原建筑被改造为集餐饮、办公、展廊为一体的小型城市复合体。

原有建筑层高和柱网较无规律，基于原有的结构体系确定了幕墙的金属框架网格，根据内部功能的不同对应地采用4种不同透明度的彩釉玻璃，同时根据不同方向的现状情况幕墙由原结构分别向外悬挑不同尺度的空间，以配合不同的使用和景观要求，悬挑的空间形态基于幕墙网格，使得网格被立体化和空间化。西侧利用原楼梯间扩展改造而成的立体展廊可被视为一个垂直方向游赏的小型园林。

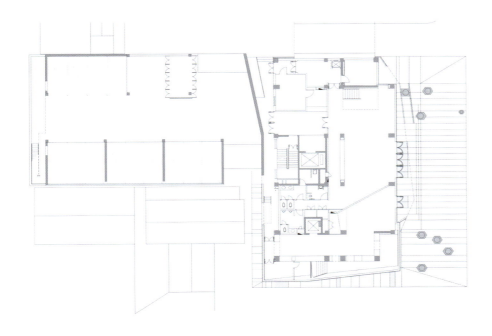

解读

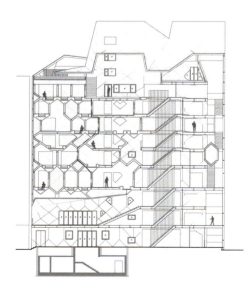
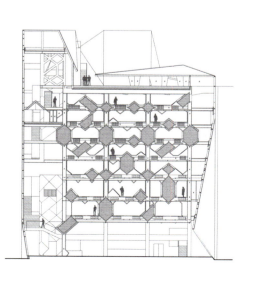
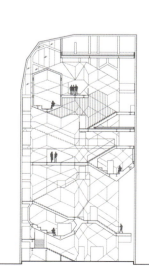

解读

1 外墙表皮局部
2-5 画廊
6 画廊模型研究
7 剖面图
8 立面展开图

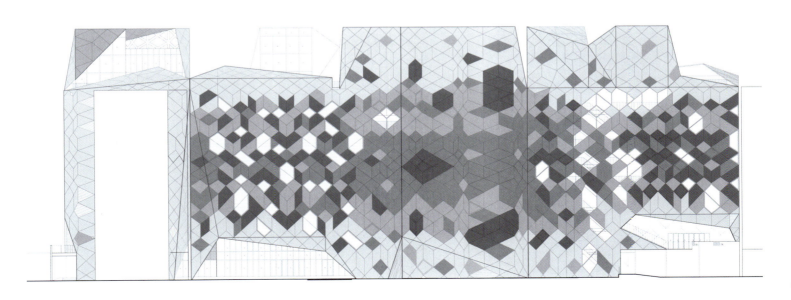

解读

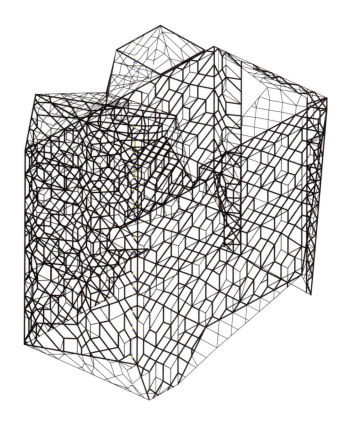

1 立体网架图
2 玻璃
3 屋顶庭院

解读

妹岛和世：建筑是件单纯的事
INTERVIEW WITH KAZUYO SEJIMA

撰文 | 徐明怡

活跃在建筑界的大部分建筑师都有个共同特色，那就是健谈，如库哈斯、弗兰克·盖里、丹尼尔·里勃斯金、黑川纪章和矶崎新等，他们无一不是雄辩家，不断高调地发表难度极高的论文，表达自己独特的思想，而妹岛和世却很少有宏大的论点，也很少在华而不实的陈述之间辩来辩去。多年以来她很用心地保持着这样的姿态：一心关注项目本身，把项目当成终极的任务。正是凭借着这种简单性与直接性，她获奖无数，并于今年成为威尼斯建筑双年展历史上首位女性策展人，在这次的展览中，她将建筑交还给建筑师，并将人们的心灵和感受重新拉到舞台中央，让感官和空间与之共舞，令建筑回归最基本的要求，回到建筑作为背景的单纯年代。近日，因为中国当代建筑创作论坛，这位人气极高的建筑师来到了上海，并作为演讲嘉宾向中国建筑师与学生们讲解了最近的以及具有代表性的一些项目。同时，《室内设计师》亦与妹岛面对面，了解她的建筑观。

相比那些整日精神紧绷、无视他人目光、激动雄辩的、咄咄逼人的女性，妹岛和世着实是个内敛的女性。她的外表看起来，并无那种气场十足的"范儿"。充其量，只不过是个崇爱时尚的普通女子，素颜、戴着黑框眼镜，有着恬淡的气场。如其外表一般，她也不是那种反应特别快，喜欢反驳的人，有时候甚至会为无法清楚地表达自己的想法而感到困窘。抑或如她自己所言，她是那种"受到某种刺激才有所反应"的人，她会经常受到某种条件的刺激后才会整理好自己的想法。正因如此，她的作品非常"简洁"，不仅大胆地将各种因素抽象化，而且所用的材料与色彩都极为低调，那种震撼人心的清纯、活力的表现，常被认为是相当率性的男性气质。

妹岛和世出生于1956年，学生时代时曾偶然在杂志上看到了"中野本町之家"，久久不能忘怀。之后，因缘际会令她得以参观建筑实体，并结识了设计者伊东丰雄，也因此得到了在伊东丰雄事务所打工的机会。结束了硕士课程后，就一直在伊东丰雄事务所任职，并在那里积累了相当的实际工作经验。之后，于1987年独立开业，一直到现在。

西泽立卫一直是她的合伙人，两人各自拥有自己的事务所，且亦拥有联合事务所SANAA。他们的合作也是因为伊东丰雄，那年，正巧还在读研究生的西泽立卫被解构主义建筑风潮与伊东丰雄的设计所吸引，并以临时工的身份来到伊东丰雄的事务所打工。虽然那时，妹岛已经单干了，但偶尔也会回到老师兼老东家那里坐坐，妹岛和世细腻而大胆、平和之中却暗藏玄机的设计风格令西泽立卫暗暗吃惊，两人一拍即合。于是，刚刚起步的妹岛和世事务所里多了一位生力军。那时候，西泽立卫两头忙，伊东丰雄那儿空下来的时候，他就跑到妹岛和世事务所，帮妹岛和世出谋划策。5年后，即1995年，两个合作日益密切的建筑师成立了SANAA。

二十几年来，虽然妹岛面临过没有项目的存亡危机，但在与西泽立卫的共同努力下，在国内外设计竞赛中数度获得优胜：在2004年第九届威尼斯建筑双年展上，他们的方案金泽21世纪当代美术馆获金狮奖最佳方案奖；稍后在瑞士洛桑联邦工科大学学生中心国际指名竞赛中击败了让·努维尔、赫尔佐格和德穆隆、库哈斯和扎哈·哈迪德等获胜，同时进行的大项目还有西班牙的瓦伦西亚近代美术馆扩建项目、法国朗斯卢浮宫分馆等，妹岛和世的美学在建筑界视野中日渐浮上。他们的作品为这个讲究建筑形式炫耀夸张的时代带来了一种新的建筑风格，他们的作品并没有太多的批判性，而是祛除了任何修饰或自命不凡的深度，看起来很简单，那乐观、轻松、随意性的作品游离于任何费劲的纠缠之外。他们运用透明的物质构成交错的空间，把人们从对建筑空间的惯有体验和透视观感中解放出来。这些SANAA的基本设计理念对年轻一代的建筑设计师产生了巨大的冲击。

日本直岛町客运码头 ©SANAA

美国俄亥俄州托莱多艺术博物馆中的玻璃展厅 ©SANAA

ID=《室内设计师》
KS=妹岛和世（Kazuyo Sejima）

ID：此次威尼斯建筑双年展的主题是"人们相逢于建筑"，可以解释一下这个理念的初衷吗？
KS：现在是资讯非常发达的时代，人们可以通过各种渠道获得自己想要的信息，而建筑展览能吸引人们的地方应该是能在这里得到那些从别处不能获得的信息，我想能让人们在威尼斯相聚就是件很成功的事情了；其次，建筑是个很复杂的过程，需要不同的人来一起完成，所以，我希望展览可以给参展者想象的空间，这个空间是让参观者自己去感受的，而不是我们给他们定义的。

ID：这样的主题会对参展建筑师们有什么要求呢？
KS：建筑展览是非常困难的，因为我们不能展出实际的建筑物。所以，这次展出的目的是展示一系列的单独空间，而不是通常的微型建筑模型，展场与展品之间的联系是非常重要的。为此，我们把造船厂的内部空间整理了一番，去除了那些黑色棉布内衬，把自然光线引入。这样每个参展者都可以获得一个独立的空间，展出他们的作品。我们强调参展者的作品必须与空间相符合，而不只是展品本身的艺术效果。

ID：如今，建筑展与艺术展之间的界限越来越模糊，比如威尼斯分为艺术双年展和建筑双年展，而可能有些参展国家，每年都选择建筑师与艺术家共同参展的模式，您可以谈一下建筑展览与艺术展览之间的区别吗？
KS：我认为，建筑展览与艺术展品是不一样的，艺术展览讲究的是艺术家的作品，而建筑展览除了展品外，还有展场，展示空间是建筑展览非常重要的部分，建筑师将空间演变为作品就是建筑展览的关键所在。

ID：推荐一些您欣赏的展品吧。
KS：西班牙设计师的作品《平衡表演》是十分有意思的，他用工字钢做成一个很大的模型，弹簧和横梁的构成本身就是件作品，同时，这件作品又与整体空间形成了很大的建筑关系，这种本身就有内容，且能和大环境产生关系的展品的艺术价值就超过了一件简单的展品范畴。

另外，马蒂亚斯·舒勒与近藤哲夫的合作项目《云景》也非常特别，这个空间中有一个3m到4.5m之间的环形楼梯，空气的重量漂浮在了空中，他们这个作品最妙的一点是人与云之间的特殊联系，随着进入的参观者人数的变化，温度就会改变，云就会自由移动。人和云的互动感就建立起来了，我喜欢那种互动感。我对中国建筑师王澍的作品也有印象，他用木头搭建的那个装置也有点意思。

ID：我在展场中看到了德国著名导演维姆·文德斯为您的新作瑞士劳力士学习中心拍摄的3D纪录片《假如建筑会说话》，您和您的合伙人西泽立卫也客串出演了角色，为什么会想到为建筑作品拍摄这样的纪录片？
KS：我觉得有时候照片很难清楚地表达建筑作品，而电影却可以，它不仅可以表达空间，还可以表达基地等，这是种很特别的展示建筑的方式。我非常喜欢文德斯的这部影片。开始时，我只是邀请文德斯为我们拍摄这部影片，至于，他会在其中创造些什么故事，我也不清楚，我只是对将会有怎样的故事发生非常好奇。最后，文德斯写了封邮件给我，问我是否愿意出演，我和西泽立卫当即就答应了，这是件很有意思的事情。像你看到的那样，我和西泽立卫骑着独轮车在空间中穿行。

ID：我们在展览现场看到了您此次差不多启用了一半的新人，尤其是许多亚洲建筑师的作品，这对威尼斯建筑双年展这样级别的展览来说，无疑是新鲜的，您对这次展览的效果有何评价？
KS：新人会令整个展览有新鲜感，但是这也是遗憾所在，因为年轻人的作品尺度都比较小，比如住宅这样的主题，而像伊东丰雄和库哈斯这样的建筑师的作品主题都会比较宏大，他们会有一些大尺度的概念，我觉得这次的展览有点感觉不够平衡，如果再能要求一两个大牌建筑师参展的话，效果会更好些，这样新鲜感与力量感就能并存，展览也会更加和谐。

ID：此次您是为参加在上海举办的当代中国建筑创作论坛而来，而在威尼斯建筑双年展中，您有设置了许多论坛与交流活动等，你如何看待交流在建筑中的作用？
KS：我认为这种交流是非常有必要的，我觉得那些威尼斯建筑双年展中的论坛可以让有资历的人和新人一起交流讨论，互相弥补，增加看问题的全面性，融合更多观念和思想。而我们在日本也经常组织各种正式的讨论会，邀请别的建筑师，互相批评，听到这些评论是非常有用的。

ID：您和西泽立卫的二人组SANAA之间如何交流？
KS：SANAA其实成立于1995年，主要是会去做一些日本的国际性大项目，但是我们仍然每个人都有一个自己的事务所，我们个人的事务所会比较关注本土的相对小型的项目。但是有时候，客户一般会指定我们其中的一个来完成项目，而不是SANAA。我们虽然同时都在工作，但我们的兴趣有一点不同。

ID：你们有没有各自独特的风格？
KS：我们已经在一起工作很久了，所以很难区分我们各自的风格，这些是有联系的。

ID：谈谈你的设计出发点吧。
KS：我的设计都是源于"公园"这个概念，我觉得在这样的空间中，会产生很多活动，有年轻人在谈恋爱，有小孩在玩耍，有老人在交流等等。对建筑设计，我是作为一个场所来思考的，把它看作一个人与人相聚的场所，我的出发点是人与人的交流和相会，让建筑进入到人的一种行动中。

ID：女性建筑师是近年来建筑界非常时髦的名词，在这个男性建筑师居多的建筑圈，你是如何看待建筑师这份职业的？
KS：我觉得对男人来说，建筑师也是个非常艰苦的职业。中国的机会应该比日本多，所以，在日本，无论男性还是女性建筑师都非常辛苦。作为女性建筑师，我个人并没有感到与男性建筑师之间的区别，只是觉得可能会更有特点一些。

ID：平时有什么爱好呢？
KS：我很喜欢种花，我的小院子里种着许多花，我在日本的时候，每天下班回家都会去浇花，看到花我就很开心。但是由于我出差的时间比较多，所以经常要麻烦公司的同事帮我照顾它们。

ID：您今天下午去参观了上海世博会，对世博园有何评价？
KS：因为下午刚从东京飞过来，所以只是在园区内简单地逛了一圈，唯一进去参观的只有中国馆。我印象最深的是那幅《清明上河图》，这100m长卷代表了中国悠久而灿烂的文化。我到中国馆时是先坐电梯到最顶层，然后往下走边参观的，在欣赏中国馆的同时可以看到其他参观的人，我觉得这样的内部空间是十分有意思的。因为时间仓促，我也没有进其他展馆内参观，只是在很远的地方看了下，英国馆给我留下了深刻的印象，我喜欢那个可爱的造型和软软的地面；还有西班牙馆也很特别，表皮是用藤条编织的，这种对自然材质的特殊使用方式也给我留下了深刻的印象。另外就是，世博园真的很大，我是按照规定路线走的，所以只是留下一个大致的规划概念。 ENG

图解斯蒂文·霍尔
DIAGRAMMING STEVEN HOLL

撰　　文｜袁烽、华绍良、韩力
资料提供｜斯蒂文·霍尔建筑师事务所

正如亚历山大·塞拉·保罗（Alejandro Zaera Polo）所言，霍尔事务所的作品已经开始收获一个经由长期教学和研究发展得来的成果，因此他的建筑作品是此前一系列实验性建筑实践的合乎逻辑的必然结果。霍尔的设计思想有极强的连贯性，他的职业生涯中类型学、现象学、城市主义这三个侧面，诚然与其同时代其他建筑师的实践、国际学术活动和建筑理论发展有相当程度的关联，但是我们又都能够在霍尔早期求学过程中找到这些理念的起源。独特的求学经历为霍尔日后的建筑思考提供了最初的素材。

霍尔在华盛顿大学求学期间的教授赫曼·庞德（Herman Pundt）借用建筑史中四个重量级人物教授建筑学：从对伯鲁乃列斯基（Brunelleschi）的深入研究，到辛克尔（Schinkel），再用二十余堂课介绍沙利文（Sullivan），最后以弗兰克·赖特收尾。这种独特的"专注且深入"的避开现代主义的建筑教育，似乎从一开始就教给霍尔：建筑不需要去呼应与应对当时的潮流，只需要遵从自己预先设定的概念。此后霍尔到罗马美国学院追随阿斯特拉·扎里娜（Astra Zaria）研究城市，期间居住在万神庙（图1）后一个无窗的公寓内，每天早起步行到万神庙，去欣赏圆形光柱从穹顶倾泻而下。从无窗的公寓到万神庙的过程成为一个日常仪式，霍尔亲历其中，逐渐开始理解光线对建筑的意义，也开始理解罗马这座城市。而当时意大利坦丹扎学派（Tendenza）倡导的建筑类型学研究方法对霍尔早期事业影响至深。

此后霍尔被美国东岸最知名的几所建筑学府录取，却放弃就学。霍尔反感当时美国学术圈围绕文丘里和纽约五人展开的后现代主义建筑语言操作的讨论，他接受的教育使他坚信每一个建筑都需要有一个概念支撑并以此主导设计，建筑不应是繁复的语言游戏，他认为路易斯·康的建筑在此方面堪称典范，因此申请进入康的事务所实习。霍尔的目的不是学习康的风格，而是要学习康接近建筑时思路的清晰、简洁和直接，而这正是当时时髦的后现代主义建筑师们所反对的。因为康的不幸离世，霍尔转投位于旧金山的擅长概念思维的景观建筑师劳伦斯·哈尔普林（Lawrence Halprin）的事务所工作。

1976年，霍尔进入伦敦建筑联盟（Architecture Association）进修，在阿尔文·博雅尔斯基（Alvin Boyarski）的带领下，那里正在进行空前活跃的知性辩论，汇聚于此的人包括彼得·库克（Peter Cook）、查尔斯·詹克斯（Charles Jencks）、雷姆·库哈斯（Rem Koolhaas）、埃利亚·增赫里斯（Elia Zenghelis）和莱昂·克里（Leon Krier）。博雅尔斯基认为建筑是一种思考形式，建筑师的责任在于不断扩展建筑学的边界，鼓励尝试一切突破传统建筑学研究范畴的实验。对霍尔来说建筑联盟的求学阶段是充满动力与激情的思想成型期。

1

图书出版

建筑联盟的同仁对霍尔的众多影响之中有一点是人所共见的：建筑电信派（Archigram）的创始人因传统杂志拒绝发表其研究性质的纸上建筑作品，创办了〈Archigram〉杂志（图2），1974年，第10本即最后"半"本杂志出版时，发表了200多个先锋的实验性作品，绝大多数方案停留在纸上方案，却对后来的建筑师产生不可估量的影响。次年，霍尔开始与朋友威廉姆·斯陶特（William Stout）商议出版《手册建筑》（Pamphlet Architecture）（图3），内容为纸上建筑研究，择录建筑流派的范围比〈Archigram〉更加广阔。早期收录的作品包括霍尔、马克·麦克（Mark Mack）和拉尔斯·勒普（Lars Lerup）的住宅类型学研究、扎哈·哈迪德（Zaha Hadid）的至上主义（suprematism）建筑作品、李布斯·伍兹（Lebbeus Woods）的未来主义建筑，中期包括了霍尔的城市研究项目：城市边缘（Edge of city），后期则包括了算法建筑先驱阿兰达和拉什（Arand & Lasch）基于计算机脚本语言生成建筑形态的实验，是一套集结各个建筑研究领域的先锋研究的丛书。

霍尔《手册建筑》一书的回溯性宣言标题是矛盾的"怀疑的精确性"，2009年出版的《城市主义》副标题为"带着怀疑工作"。霍尔一生的建筑思考充满自省和自我批判，因此他不回避矛盾和两难之境。霍尔的专著具有"成组"和"对应"的特点。往往在提出一个观念后不久，出版另一本姊妹篇，从反面补充完善先前观念，达到理论架构的辩证统一，形成霍尔独具特色的"书组"和"概念对"。

1989年出版的《锚固》（Anchoring）（图4）一书中，霍尔提出："建筑与音乐、绘画、雕塑、电影和文学等不同，它被位置限定，一个固定的构筑物是与一个场所的体验相互交织的。建筑的基地不仅仅是建筑概念的一个要素，它还是建筑的物质基础和抽象基础。通过与一个更加广阔的设计动机相联系，建筑就不仅仅是由基地塑造的了。通过与场所相融合以及对环境意义的整合，建筑超越了物质性的、功能性的需要。建筑需要对景观作出解释，而不是仅仅闯入景观。建筑有一个基地，只有在这个基地中才能领会建筑的意义。在建筑诞生之初，建筑和基地就不是相互独立的。在过去，通过对本地材料和本土工艺的下意识使用，通过将景观和历史事件与神话结合，达成建筑和

2

3

4

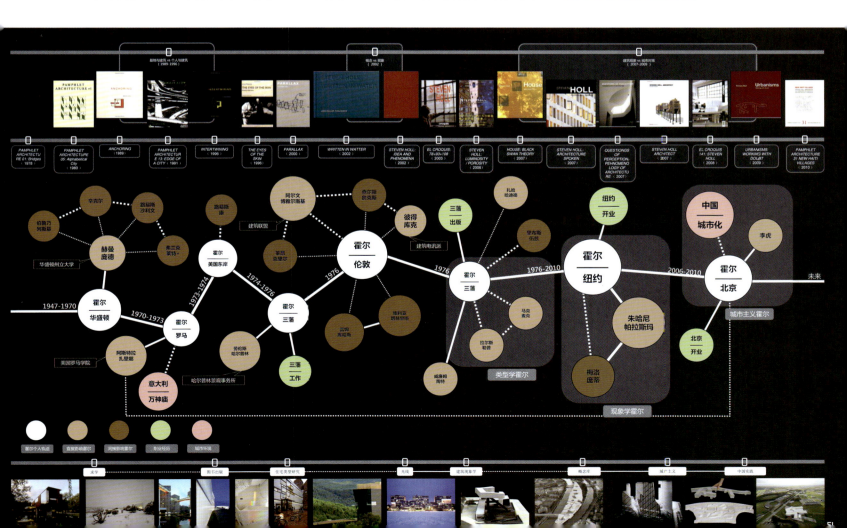

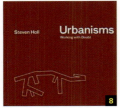

基地的联系；今天，必须用新的方式寻找建筑和基地的关系，这是对现代生活的建设性转化的一部分。"因为《锚固》一书中收录的项目多数位于美国本土，因此霍尔讨论特性中的共性、相对性中的绝对性，通过观察基地的现象，将基地的历史和传说结合功能（Program）和社会条件凝聚成为建筑的意义，使建筑与基地融合。随着霍尔事务所业务扩展到世界范围，长距离的旅行和在基地短暂的停留时间以及可想而知的外国建筑师对于基地历史文脉等本土性的陌生，向霍尔的锚固理论提出了挑战。伴随着霍尔与阿尔伯特·哥麦兹（Alberto Perez-Gomez）和朱哈尼·帕拉斯玛（Juhani Pallasmaa）合著的《感知的问题》（Questions of Perception: Phenomenology of Architecture）出版，霍尔随后出版的《交织》（Intertwining）（图5）转向对关注个人日常经验的现象学建筑（phenomenal architecture），思考如何将个人体验与建筑空间相交织。《锚固》基于建筑的处境（situation）讨论建筑，《交织》则基于个人的知觉、感受、概念和情感经验讨论建筑。因此形成了"基地"与"个人"，"锚固"与"交织"的概念对。

沙利文曾说：历经足够长久的时间，我的一切建筑都会湮灭，留下的只剩下观念。随着霍尔水彩草图选集《用水写作》（Written in Water）（图6）的出版，他和勒·柯布西耶一样，成为了身兼建筑师和画家双重身份的大师。霍尔认为自由的水彩草图可以帮助他摆脱设计项目的现实约束，思考抽象的概念，霍尔认为自己的水彩画实际是"概念图解"（concept diagram），是抽象概念和现实建筑的中介。概念本身甚至比建筑更重要。但是随后霍尔就出版了建筑摄影作品集《霍尔的观念与现象》（Steven Holl: Idea And Phenomena）（图7），展示具体的材料组织和光线效果。"概念"和"现象"这组概念由此浮现。

《城市主义：带着怀疑工作》（Urbanism: working with doubt）（图8）则是作为《住宅：黑天鹅理论》（House: Black Swan Theory）（图9）的姊妹篇面世的。霍尔在小尺度的建筑（如住宅）设计中关心的是塑造空间，挥洒光线，组织材料和雕琢细部，并且通过建筑保护自然景观的延续。而在大尺度的城市综合体中则主要考虑其他更加广阔的问题：功能如何并置与复合（hybrid），建筑如何形成城市空间，如何将景观、城市、建筑融为一体，建筑内外、城市与建筑的交叉体验（crisscrossing experience）等。建筑尺度的变化带给霍尔"建筑现象"与"城市对策"这对概念的博弈较量。

住宅类型研究

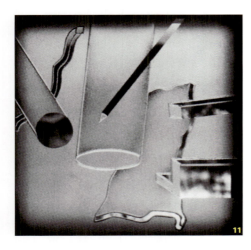

在尚未接触实际项目时，缺乏设计动机和设计依据的建筑师往往会经历类型学研究阶段，在意大利受到坦丹扎学派影响的霍尔更不例外。在《手册建筑》中，霍尔分四期发表其住宅类型学研究和设计成果：《桥》（PAMPHLET ARCHITECTURE 01: Bridges）、《字母城市》（PAMPHLET ARCHITECTURE 05: Alphabetical City）、《桥宅》（PAMPHLET ARCHITECTURE 07: Bridge of Houses）、《城乡宅型》（＜PAMPHLET ARCHITECTURE 09: Rural and Urban House Types＞）。《字母城市》分析了美国城市网格限制下的城市建筑平面剖面类型并以近似字母分类，《城乡宅型》系统地收集了美国传统宅型实例，两个桥的设计方案蕴含了霍尔对将"空白"城市空间转化为有意义的城市空间的可能性的研究。

霍尔认为建筑的首要动机绝不应是抽象的，因此他声称他的作品基础既不是基于社会的也不是功能主义的。在《锚固》中，霍尔揭示了他的两个基本的概念信条：1，所有作品都在材料、光线、气候和时间方面被现象学的体验着；2，建筑是基于在自然和文化形态中的线、面、体等元素的，这些元素普遍存在于水晶和植物的显微图像中，也存在于建筑的原型中。第二条点明了潜在于霍尔思想中的原型和类型思维。除了基地之外，功能（program）和形式语法等都被局限于霍尔的一些有限的概念，在他的事业初期，这个概念就是原型。因此，不论这些类型是来自古希腊的柱廊和麦加隆式厅（例如1977年设计的哈得孙河上的黑丝汀斯住宅），或是来自美国乡村住宅形式的抽象化版本（例如1978年设计的望远镜住宅）霍尔的原初起点都是意大利坦丹扎学派提倡的抽象类型，尽管最终霍尔抛弃了这种方法。

霍尔用了一种非常自由的方式转译传统美国住宅类型，这一点在1980年斯塔藤岛上的梅斯住宅（Metz House）（图10）方案设计中体现得很明显。这是一个被理性化了的传统的新墨西哥州U形庭院住宅的美国东岸版本。霍尔的构思是把一个给男性雕塑家使用的内省的黑色空间和一个给女性画家使用的外向的光的空间分离，因此住宅由两个矩形居住单元围绕开敞庭院组成两翼。雕塑家的工作室涂黑，被容纳在住宅边缘的圆顶地下室中，它的墙升起支撑上部的卧室。画家的工作室刷白，被覆以一个长的、内外反向的尖双坡屋顶。建筑外立面几乎是空白无物，住宅最吸引人的地方在于它试图表现两性的独立与统一。住宅两翼的对比冲突强烈，例如黑与白、平顶与坡顶、塔楼与金字塔的同时存在，连接住宅每一层的楼梯则含蓄地叙述着两者的关系。这个建筑的行进路线在通往工作室反转坡顶处达到高潮，为画家提供了一个可以鸟瞰整个住宅的视角。

建于1981年，为里昂·罗森（Leon Rosen）设计的，位于纽约斯卡斯戴尔（Scarsdale）的泳池宅和雕刻工作室（图11）可以看作是梅斯住宅一个侧翼的实现，因为它以希腊麦加隆厅（megaron）为原型，并覆盖了一个玻璃金字塔。大量的玻璃窗减轻了灰泥棱柱体的重量感，玻璃大小和位置以一系列交织的1∶2矩形和黄金比矩形网格限定。这是霍尔第一个具有建成意义的作品，它的室内装修预示了霍尔未来的材料语言：对磨砂玻璃的偏好、绿色古代大理石、生锈的铜艺。

作为1980～1984年间的教学项目，霍尔所谓的工匠自主住宅（Autonomous Artisans's House）（图12）在很多方面可以代表他的类型学时期的典范。因为它说明一系列能再现各个职业特点的美国"猎枪住宅（shotgun house）"的翻版已经成型，所以一个锡制的金字塔被用来表现锡匠的住宅，纸匠住宅则有一个尖耸的屋顶用来表示晾晒纸浆。霍尔对这个方案的描述刻意强调了住宅的表现意味。他写道："木匠的住宅展示了造船匠的技艺，石匠有一个砖筒拱的屋顶，蚀刻玻璃屋顶覆盖着玻璃蚀刻匠住宅的入口通道。同样的，对工艺的表达存在于抹灰浆和金属工匠的住宅。"

虽然所谓的猎枪类型看上去是霍尔早期国内项目最喜用的造型手法，另一种同样源远流长的美国类型，所谓"有顶通道（dog-trot）"住宅出现在霍尔1983年在东汉普顿设计的范·赞特住宅（Van Zandt House）（图13）中。两个建筑，一个是立方体，另一个是双立方体，面对面对峙，中间隔着及膝深的水池。这个项目点睛之笔在于建筑师用这一组合模式比拟"一个处在森林中的威尼斯城市切片。"

霍尔的类型学研究从一开始就不是追求建筑自主性的，这是与坦丹扎学派最大的不同。他在许多参照系（reference），例如使用者、基地特点、城市条件等影响下试图以美国传统住宅为原型给建筑寻找一个非抽象化的概念支点。当霍尔接触到梅洛·庞蒂的著作之后，发现了一个全新的概念切入角度，于是类型学思考方式沉潜，建筑现象学思考，特别是对光线的关切开始涌现。

光线

从80年代末期到90年代，霍尔将他的全部作品的意向集中在光线上。他认为建筑的"直觉精神"和"形而上学的力度"来自实体与虚空塑造而出的光与影、透明程度和光泽度。自然光有着无穷的变化，它主导着城市和建筑的强度。视觉所见到的建筑是按照光影的条件形成的。在赫尔辛基现代艺术博物馆（Kiasma Museum of Contemporary Art）中，光线被用来为艺术品增添表现力；在伊格内修斯礼拜堂（Chapel of St. Ignatius）中，成为定义空间划分的依据；在意大利卡西诺城市博物馆（Museum of the City for Cassino, Italy）项目中，光线是组织乐章的音符（图14）。

霍尔的赫尔辛基现代艺术博物馆不仅仅受到梅洛·庞蒂的"交织"概念启发，也受到DNA双螺旋结构的启发。因此项目起源于两条交织的、假想中将建筑基地扩展到更加广阔的城市网格中的文脉轴线。首先一条文化轴线从博物馆穿过议会和国家博物馆，在西扎的芬兰音乐厅达到高潮；其次一条自然轴线延伸出去贯穿图露湾（图15）。高纬度的地理位置导致光线入射角几乎常年接近水平。一般艺术博物馆面临的两难问题是自然光往往只能照射进入最顶层展厅，下层展厅只能借助人工光照明。芬兰的水平日光却借助霍尔设计的渐变有机形态解决了这一难题。光通过多种方式进入建筑。首先，西侧立面的由双层玻璃中间夹一层磨砂玻璃组成的"冰墙"，光线射入透明玻璃后被磨砂玻璃向上下方向折射（图16），然后进入室内，因此单向的自然水平光就以多个角度射入室内（图17）。蝴蝶结形态的建筑布局和曲面屋顶让光线更能透过天窗进入下层的展厅。整个博物馆，霍尔围绕着两条轴线，将两个平行的直角体块塑造成博物馆的整体形态，其中一块扭曲成波浪形包裹另一块，并且在两者之间产生了缝隙空间。两者之间的缝隙，形成富有动感的中庭空间。霍尔机智地用两个方向交错的坡道填充了这个缝隙空间，一个坡道从入口缩窄的地方开始升起，另一个坡道从空间变宽的地方从二层升到三层形成位于入口上方的挑台。这一充满张力的动作提升了天光和侧光的效果，看上去光线似乎是以一种出人意料的戏剧性方式刻穿了建筑。这种丰富的内部经历，以及相互扭转咬合在一起的空间和光线，也表现出"交错"

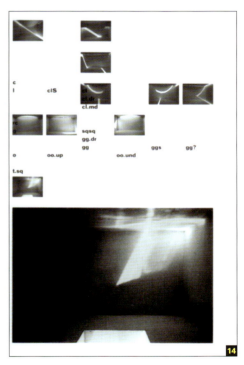

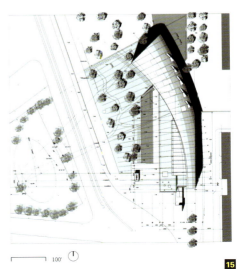

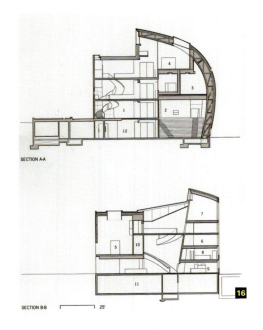

的概念。(图18)

霍尔在伊格内修斯礼拜堂中将几个不同的采光体整合在一个建筑中,不同的采光体朝向不同方向,刷有五彩的颜色,下部对应不同的功能。南向的采光体对应建筑入口前导区。北向的采光体对应圣礼区。主要的礼拜区上方的采光体朝向东、西。霍尔的草图揭示出建筑的原初概念是一个石质矩形盒子容纳几个异形瓶装容器,而容器内部则是五彩的光线。光线或是直射于室内;或是经过曲面的墙壁反射入内;或是透过彩色玻璃窗折射在墙面上。光被当做颜料为单纯的空间涂抹上靓丽的色彩。不同色光互相交融,形成迷幻的气氛。随着阳光角度的变化,直射、反射、折射的光线也随之变化。霍尔在光线和涂料之间使用补色策略:附有蓝色玻璃窗的黄色区域用于教堂中部,附有红色玻璃窗的绿色区域用于唱诗班,附有紫色玻璃的橙色区域用于祈祷室。通过这些色彩的变化,在教堂中产生出更为丰富的光影效果。(图19)

建筑现象学

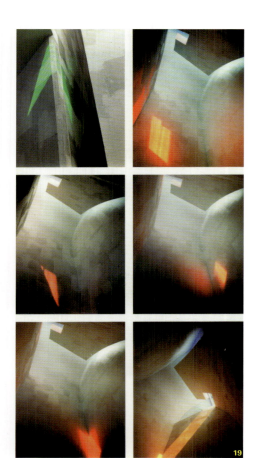

1991年8月在芬兰举行的阿尔瓦·阿尔托大会上,霍尔第一次与朱哈尼·帕拉斯玛相遇并开始探讨建筑现象学思想。在1992年10月,两人在赫尔辛基筹备艺术博物馆竞赛时再次见面,讨论了梅洛·庞蒂的著作也许可以对从建筑体验层面上来理解空间序列、质感、材料和光线有所启发。

霍尔曾经体验过帕拉斯玛的建筑,从洛瓦奈密的博物馆扩建到图尔库群岛的夏季别墅。霍尔评论帕拉斯玛时认为他不仅仅是一位理论家,还是一位杰出地使用现象学直觉和本能的出色建筑师。在帕拉斯玛的建筑中,感知空间的方式,以及感知场所的声音和气味与实物看上去的样子具有相同的重要性。他认为帕拉斯玛在从事着不可分析的有关感觉的建筑实践。

霍尔在梅洛·庞蒂的著作《可见的与不可见的》中读到的最震撼的篇章是"交织——交叉",并将交叉概念应用于赫尔辛基博物馆设计中。梅洛·庞蒂在"事物的水平线"一章写道:不仅仅天空和地面之间构成地平线,地平线还存在于一切物的集合中,存在于一个分类的命名中,存在于一种逻辑上可能的概念中,一系列意识的潜在性中:地平线是一种新的存在,一种多孔的、丰富的、概括的存在。"

霍尔认为在21世纪,这种思想沉降入了地平线以下,深潜进"肌肤之下"。技术的飞速发展带来消费产品充斥我们的意识,冲淡了我们的反应能力。在建筑界,张扬的数字技术促成的建筑进一步鼓吹单一的视觉消费文化。在这一嘈杂的背景下,帕拉斯玛呼唤的所谓"寂静的建筑"就显得弥足珍贵。

霍尔自20世纪90年代开始现象学建筑观的转向,在诺伯格·舒尔茨对海德格尔的栖居理论的阐述基础之上,霍尔与帕拉斯玛基于梅洛·庞蒂的知觉现象学发展出了更加强调将建筑和空间作为一种动态知觉而非静态"存在"和"场所"的建筑现象学。梅洛·庞蒂的《知觉现象学》中的身体、被感知的世界、空间和时间性,这几个主题与建筑现象学关系较为密切,这几个主题也是霍尔和帕拉斯玛等在建筑和空间领域仔细研讨的,实际上他们试图用身体和知觉解决主体与客体的统一问题。建筑现象学认为人生经验由实在的环境中的生活故事来构成,过去的生活经历在人生旅程中成为浓缩的片段记忆。人对场所、空间和环境的知觉是由记忆和不断变化的瞬时知觉和感受组成的。在寂静中沉思冥想、回忆体验生活经验是把握真实、本质建筑现象的可靠来源。知觉系统对生活世界和场所空间的各种微妙知觉，以及对不断变化的现象世界的感知是丰富多彩的生活的真实基础和唯一源泉。

概念库、城市主义与中国实践

大都市环境最令人苦恼的方面在于漫无边际的增殖和相对而言缺乏彼此联系的孤立的物体，美国传统郊区生活方式造就的低层商业街和独立别墅极大地稀释了城市中心的密度，霍尔是同一代建筑师中第一个认识到这一点的人。霍尔认为城市到城市外围的界限不明确，城市周边环境在耗尽城市的能量。因此作为建筑师的霍尔将城市面临的问题转化成了如何设计一种精确的节点（precise joint），只不过这种节点不是建筑层面的，而是城市区域层面的。因此霍尔希望设计一种界定城市的边缘之法。为此霍尔为六个城市设计了题为"城市边缘"的方案。他说："这些城市边缘地区呼唤一个能够界定城乡边界的计划，未来的城市只应在边界范围内发展，将外界留给自然景观，以此保护濒临灭绝的野外物种。在城乡交界处应该有一些城市生活综合体和城市形态。"

霍尔颠覆了传统的城市规划密度从CBD向郊外高度与密度依次线性递减、最后融入乡村的观念，从景观和环境的角度出发提出了一系列城市边缘的巨构体原型。实际上霍尔的方案类似二次大战前德国表现主义建筑师提出的方案。霍尔的方案多通过水平方向和竖向巨构体量联系成类螺旋形态，构成包含商业、居住、办公的城市综合体，摆出"反摩天楼"的姿态，暗示出城市的边界和沙漠的起点。霍尔写道："通过将多种行为活动并置和集聚，达到功能复合的效果，用复合功能的连接体驱逐现代城市边缘典型的单一功能孤立的建筑形体。"

细读《城市主义》可以发现霍尔在解决城市问题时有几个常用方法，汇集在一起，其相似点生成"概念库"（concept repertoire）。包括从D.E. SHAW & CO.办公室（图20）到Sarphatistraat办公室设计再经过放大出现MIT本科生宿舍（MIT's Simmons Hall）（图21）中的孔隙（porosity）概念，从Y宅（图22）到人类进化博物馆（Museum of human evolution）（图23）连续发展的分岔（branching）概念，从城市边缘（图24）到世贸中心竞赛（图25）一路延续的巨构反摩天楼（megastructure anti-skyscraper）概念等。这些概念的目的都是为了解决功能如何并置与复合，建筑如何形成城市空间，如何将景观、城市、建筑融为一体，建筑内外、城市与建筑的交叉体验等城市问题。这些概念将1990年代霍尔的现象学关切摆在第二位，而将更加宏观的城市问题摆在首位。

进入21世纪，面对全新的崛起中的中国城市化现实，霍尔轻巧地将早已准备好的原型放置在中国都市和自然景观中。如开篇所述："霍尔的建筑作品是此前一系列实验性建筑实践的合乎逻辑的必然结果"。深圳万科中心（图26）是"分岔"与"城市边缘"概念的融合，北京当代MOMA项目（图27）和成都来福士项目（图28）是"孔隙"概念与"巨构反摩天楼"概念的融合，南京建筑艺术博物馆（图29）几乎就是城市边缘体项目中"空间栅栏（Spacial Retaining Bar）"（图30）的翻版。我们在赞赏霍尔为中国带来全新的城市建筑景观和城市空间类型的同时，也期待着霍尔在中国土地上设计出更加符合中国城市特点的作品。

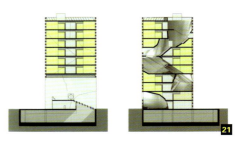

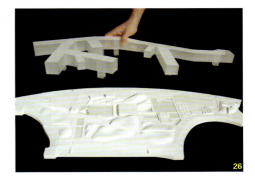

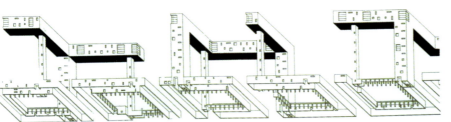

斯蒂文·霍尔访谈
INTERVIEW WITH STEVEN HOLL

撰　文　｜　李威
资料提供　｜　斯蒂文·霍尔建筑师事务所

ID =《室内设计师》
SH = 斯蒂文·霍尔（Steven Holl）

ID 从您接受第一个中国项目到现在差不多也有快八年时间了，期间陆续有颇具影响力的项目问世。听说您刚接到北京当代MOMA项目的邀请时还是蛮有顾虑的，因为这个项目的规模极大，几乎比您过去20年所做过的所有项目加起来还要大。现在回头看这个项目您会如何评价它？

SH 是的，那的确是个超大型的项目。让我高兴的是这个项目最后建成的效果基本就是我们设想的那样，没有改得面目全非。我昨天还在那儿喝咖啡。因为有越来越多的人入住、越来越多的商铺开张，那儿的气氛也越来越活跃。我觉得在北京城里，当代MOMA的空间感觉是相当不错的，内部的流水花园以及其他一些生态景观系统效果都很好。

ID 我们知道您目前在杭州有三个新项目：杭州三轴场域、山水杭州以及近期刚获胜的杭州中国音乐博物馆园区设计，您是如何考虑杭州项目的基地特征的？

SH 通常当我在某地设计项目之前，都会对当地的情况进行仔细的调查和研究。我觉得杭州这个城市的特质是独一无二的，这令人非常兴奋。我很高兴能在杭州做项目。每次来的时候我都会认真地研究杭州这座城市，以各种视角，努力去了解关于这座城市的更多细节。当然，这其中一个主要的考察点就是西湖。西湖及其周边地区可以说是杭州的心脏，是杭州的历史文化核心所在。湖水的波纹、光影、动静、映射……这都让我联想到威尼斯——城市从水中"长"出来，又倒映在水面上，与水的关系极其密切，我感到这也就是杭州，特别是古杭州的城市特质。其实在我的设计中，你应该也看得出我对水和光影的关注，这一点在我们的杭州项目中表现得特别明显。很多关系、节点的灵感都是源自于我对场地和项目本身的研究。我所做的，就是将基地的历史融入设计中，并以不脱离当前时代的形式传达出来。我不会拼命追求那些特别新奇、夸张的造型。我觉得必须要深入理解基地、尊重属于这片基地的历史记忆，谨慎地进行创作。没有根基、没有原则，与历史和城市都毫无联系，只求以奇形怪状吸引眼球的建筑是毫无意义的。

ID 那么您在距离杭州并不很远的南京做设计时关注的又是什么呢？

SH 南京的项目比较不同。南京艺术建筑博物馆是南京建筑实践展中的系列建筑之一，建在南京城外。我在这个项目里考虑的主要是"视角"的问题。我在学习中国古代文化的时候，最令我感到愉快的体验之一，就是了解中西方之间那种巨大的差异。西方绘画所惯用的焦点透视法，其实在15、16世纪的时候，已经为中国人所知了。不过，中国人却没有将之付诸实践，我觉得这与中国画的卷轴形式是有关系的。当你展开一轴画卷，你的视角是不断移动变化的，不可能像西方绘画那样停在一个消失点上。中国画不受实际空间和视线的限制，不考虑远近比例，将想要囊括的一切景物都收入画中，这就是所谓的散点透视。我从中国画这种独特的透视法中汲取了灵感，并用在南京艺术建筑博物馆的设计中。如果你到那儿去，你会看到一座顺时针旋转且高度不一的展览走廊。沿着走廊而上，你可以在欣赏博物馆里的艺术品的同时，在不同的角度和高度上观览博物馆外古老的南京城。整个空间是开放式的，当你走完一圈，回头一看，会发现眼前恰好就是南京古城。非常有意思。

ID 如您所说，东西方之间确实存在巨大的差异，而您又非常注重对项目基地的环境和文化背景进行深入的了解和准确的把握。那么，对您而言，在对中国的项目进行场地文脉研究的时候，又是怎么克服这种文化差异的？

SH 我个人对东方的研究和学习可以说从20年前就开始了。当时因为要在日本福冈做设计，那是我的第一个大型项目，于是我开始研究东方文化比如佛教禅宗思想。有意思的是，我在研究过程中发现福冈正是中国高僧鉴真东渡日本到达的第一站，中国和日本之间，乃至整个

亚洲，在宗教、哲学、思想方面都有着极其紧密的内在联系。经历过在日本的设计过程之后，我又到了韩国做设计。那时我差不多读了有15到20本关于风水的书，没少花时间。最后我意识到，风水的理念不是一种"单线程"的思想，而是一种全息理念；如果你想在设计中正确地运用它，唯一的方法就是把你读过那些全都忘掉！那些极度细节化的规则既多又复杂，有些还相互矛盾。其实掌握住基本规则，其他都可以变通。等到我来中国做项目的时候，我也算是有一套自己的风水学了。我认为学习风水不是学习那些教条，而是去了解风水的基本思路，那种对于土地、气候和自然与民生之间关系的关注。经历了从日本到韩国，最后到中国的实践过程以及这么多年的研究，我想我对东方文化思想可以说是有一定的了解了。其实，我觉得，现在中国有各种各样的建筑项目上马开工。我们在做项目的时候必须要契入当时当地的语境，而不是先入为主地认定某种"主义"或观念。我们的原则是"抱着质疑的态度去工作"。我们会一再反思：我们现在所采用的方法，是否是唯一的解决之道？每个基地都是特别的，需要特别对待。

ID 您早期的一些规模不大的项目多以其细节的精致和优美著称，而现在的很多项目往往是比较大型的，在这些大型乃至超大型项目中能否保持那种精致和优美呢？

SH 我所做的主要是概念设计。对我来说，比较重要的是考虑如何创造更多的公共空间；做一些具有多重功能的建筑综合体而不是单一功能的大厦，这也是现代都市生活的需要：将生活、工作、文教、休闲集成于一体；当然，还要尽可能注重节能环保。在满足了这些原则的基础上，我也会根据实际情况，尽量追求细致和精美。

ID 您觉得现在的都市生活已经是全球化的吗？

SH 我觉得在中国，都市生活方式还潜藏着更多可能性。我常常会努力劝服业主："让我们做得更好、更极致！"其实，中国的传统手工艺很多都失传了。在古代，中国建筑的工艺和细节是非常精彩的。你看苏州园林，真是精妙绝伦！现在要重建传统应该还来得及。我生活在纽约，我也很喜欢那里的生活，但是我也必须要说，由于以前的城市规划者的自大，很多已造成的规划失误比如机动车主导的交通方式等等，都是难以挽回的。我们需要在都市生活中寻回自然，重新建立更为良性的生态体系，使得城市更加有生机和活力，重新取得科技与自然的平衡。现在人类的足迹已经遍及整个地球的每个角落。人类对自然环境的破坏已经相当严重，我们需要回过头去保护自然，恢复受损的生态系统。把水系还给鱼，把森林还给鸟兽，它们就会逐渐回来。而在城市中，也可以为动植物保留一片栖息之地。这是当前最重要的工作，当然，这不是建筑师的活儿，但是我非常尊敬从事这项事业的人们，我也会通过建筑来尽绵薄之力。

ID 谈谈您个人的设计方式吧。您经常会用水彩画来表达设计概念，这是您的工作习惯吗？

SH 是的。在每个项目开始的时候，我会把设计概念用水彩草图的形式表达出来。我每天从差不多早上七点开始画图，几乎是从早画到晚。草图画好后就送到办公室，同事们会根据草图来制作模型。然后我们会一起讨论项目，整个办公室的人分工协作开始展开设计过程。我们的设计项目总是由这些小小的水彩画拉开帷幕的。

ID 张永和曾经这样谈到您，他说"斯蒂文·霍尔从不会自我重复"。我们注意到，方孔网格的表皮形态在您MIT Simmons Hall、北京MOMA、万科中心等一系列作品中都出现过，您是有意将它作为您的一种标志性设计语言吗？

SH 看来张永和说错了（笑）。其实这种形式很多时候还是出于结构和功能上的考虑，比如说配合采光、通风、遮阳、节能等方面的需求。所以在我的感觉上它们都是各不相同的，可能看上去确实一个样，那就算是我在重复吧。不过我想我还没到安藤忠雄、迈耶、马里奥·博塔他们那个地步，他们才自我复制得厉害吧（笑）。

ID 在中国的工作经历是否也给您带来了改变？

SH 当然！在欧美，设计方案往往是要经过没完没了、令人快要疯掉的讨论、申报、修改、再讨论……最后无疾而终！我的一个项目曾经拖了十几年！而在中国，方案变成现实的速度非常快，这很让人兴奋。

ID 您不觉得这种速度有点过快吗？

SH 确实。如果概念不明晰，那这样的速度是不可取的；但如果有了合适而明确的概念，环保需求、社会期望、公共空间的满足都被考虑到了，这一切进程可以在两年内完成，这就太完美了。当然，建造还是要花时间的。

ID 可否请您给中国青年建筑师们提些建议？

SH 亲自去看、去体验建筑。建筑本身会带给你终身受益的经历。不要只是从杂志和书本中学习建筑，杂志和书本讲不出关于某个建筑最完整的故事。你要自己去看，去罗马、去梵蒂冈、去看卡洛·斯卡帕怎样用光，包括去看那些新的建筑……我年轻的时候花了大量时间到处走，到处看，那些时光都回馈到了我的创作中。所以，我的建议就是：走出去！用你的身心去感受建筑，去倾听建筑要告诉你的真相！

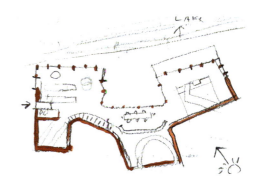

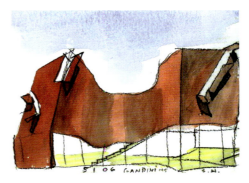

1 纽约大学哲学系教学楼改建
2-4 Sun Slice 住宅草图

福冈公寓
VOID SPACE/HINGED SPACE HOUSING, FUKUOKA

撰　　文	李杨
资料提供	斯蒂文·霍尔建筑师事务所
地　　点	日本福冈
建筑面积	1300m²
设计时间	1989年
竣工时间	1991年

　　福冈公寓是霍尔的第一个大型项目，他称之为"虚空间/铰接空间"（Void Space/Hinged Space）。几乎就是从这个项目开始，霍尔建筑现象学设计思想的关注点在"场所"之外又加入了对建筑知觉与经验的重视。他在1994年和1996年相继出版了《感知的问题》（<Questions of Perception: Phenomenology of Architecture>）和《交织》（<Intertwining>），即着眼于如何将个人体验与建筑空间相交织。同时，由于认可度逐渐提高，大型项目随之增加，霍尔的作品中也出现了更多的城市建筑。霍尔越来越多地把注意力集中在形式语言的探索上，福冈公寓所采用的很多设计语汇后来仍反复出现在霍尔的其他作品中，并不断完善成熟。

　　福冈公寓是霍尔应矶崎新之邀为福冈Nexus国际住宅展设计的第11号集合住宅。霍尔对基地环境做了充分了解，也对场地文化背景包括东方文化、日本宗教及社会生活等问题进行了深入研究，最终决定对建筑的内部与外部分别采用了"铰接空间"（hinged space）与"虚空间"（void space）的概念。

　　28套公寓的室内设计围绕着"铰接空间"的设计概念展开，将一种全现代的设计视角带入传统日式屏风的多功能概念里。公寓户型各不相同，但总体上都呈大进深的矩形。这种形式来源于日本的传统，是适应日本紧张的用地

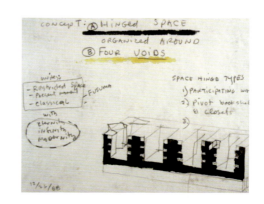

人物

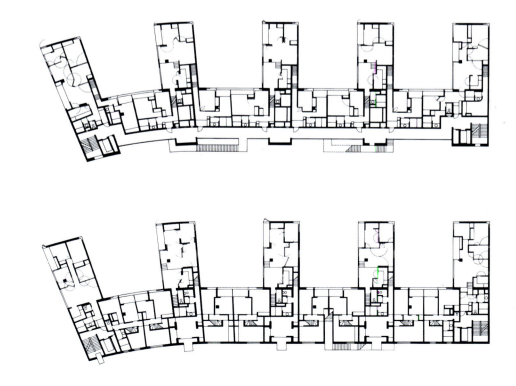

1	2
3	4
	5

1-2　从不同方向沿街行走后看到不同的建筑外立面
3　概念草图
4　三层平面
5　四层平面

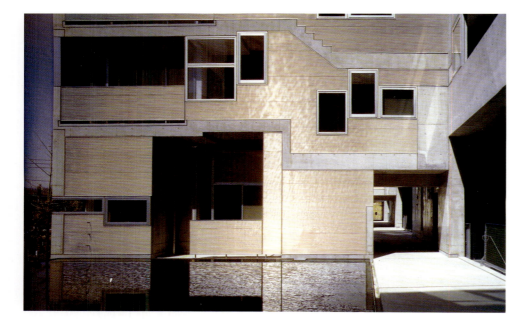

1　内庭院水池与公共通道
2-3　草图
4　概念分析与单元类型

现状的。设计以轴转式可动隔墙分隔，门、墙板、衣柜都可以根据需要自由旋转而改变空间。白天的生活空间通过隔墙的转动变化 在晚上就成为了卧室。在另一个层面上，这种空间分隔方式也使得建筑可以适应家庭结构的长期变化带来的增减房间数量的要求。从这种可动隔墙中，我们不难看出日本传统家具如日式屏风和推拉门的影子。这种通过推拉门改变空间格局的手法后来也出现在北京当代MOMA的住宅室内设计中。霍尔将28个住宅单元放入5个住宅单体中，单体之间由庭院隔开，再由庭院上空的通道连接起来，室内不同类型的居住单元叠加整合在表面看似相同的体积中。每一层通道的位置有所不同，并各自形成不同的空间联系：有的在庭院的里面、上面或者旁边；有的则朝向城市、公园或者蓝天。从剖面看，公寓像复杂的中国盒子一样咬合在一起。设计力图从公寓居住者的角度考虑将所有28套公寓个性化。归功于虚空间和咬合剖面的设计，每套公寓都有东西南北很多朝向。有趣的是，1993年霍尔重返福冈公寓时，住户告诉他，该集合住宅是整片住宅展作品中第一个可每月提供社区交谊派对场所的。住户们彼此串门，发现每个单元都不一样，就互相约期参观各自的房间，不经意间大家就这样聚在一起了。在没有浪费建筑使用面积的情况下实现了人与人的交流，令霍尔喜出望外。

楼群北侧一、二层的空间与南侧矩形体块间的空间被霍尔称为"虚空间"。在这里，霍尔可能考虑到了通风和采光的需要，也希望通过4个活跃的西北虚空间和4个寂静的西南虚空间互相咬合，给日常家庭生活带来一种神圣感。西南虚空间中，水面充满阳光，波光粼粼，反射到北庭院和公寓室内的顶棚上形成优美的光影。从底层喧闹的店铺上到二层，陡然出现在人们面前的是阳光和静静的水面，以及周围的建筑实体在水中的倒影。这种静谧调节了南侧热闹的街区给人的拥挤感。在居住建筑中融入水的元素也是霍尔惯用的手法。北侧没有直射的阳光，霍尔在这里安排了自行车停车厂和单元入口，为空间增加了人气。因为建筑的北侧有大片的绿地，霍尔又在北侧室外设置了没有任何遮挡的二、三层走廊，试图让人更能亲近自然。

从铰接空间到虚空间，体验上的穿越空间的感觉以三种方式表现出来，这三种方式都允许公寓有室外正门。在低层走廊，越过水庭院和穿越北面虚空的景观使得走道空间左右都活跃起来。沿北走廊行走，远处的公园给人以悬念。顶层走廊设有天窗，阳光可以直接照射进来。

霍尔通过场所来捕捉灵感以构建自己的设计理念，再运用丰富的形体构成手法来进行表达。透视即是他常用的表现手法之一，在这个项目中也有所发挥。在透视图中，根据近大远小的视觉规律，形体上的平行线汇聚在视平线上的灭点处。形状相同而大小不同的物体暗示着强烈的消失感，巧妙运用这种视觉效果可以根据需要加强或减弱空间的视觉稳定性。在福冈公寓中，一条道路沿着水边弯成弧线形，然后又变成直线将个住宅楼贯穿起来，在透视远景上形成了有序而富于变化的构图。

霍尔将福冈公寓的外立面设计得非常简洁。裸露的承重水泥墙在一些地方染了色。人们由东而西地走在街上时，轻盈的铝合金幕墙让人可以看到建筑的剖面，而人们由西向东走，看到的则是完全不同的实墙立面。建筑的空间关系并没有被外墙阻隔，而是与周围景观相互映衬。空间是其介质，从城市到私人生活，是铰接起来的空间。霍尔从不会做一些奇形怪状的建筑。在他看来，建筑成为形成城市空间的围合物，而不是建筑本身成为独立的物体。在城市生活中，建筑能塑造一种关于空间与时间有生命力的、能感知的交织，以此来改变我们的生活方式。

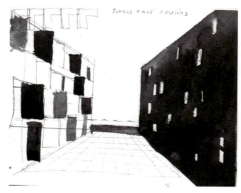

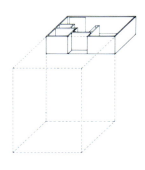 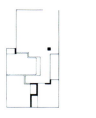  

空间延伸

单一方向的庭院舒缓了住宅单元的紧凑感，形成类似传统家庭独门独院的空间

铰接空间

设计以轴转式可动隔墙分隔，门、墙板、衣柜都可以根据需要自由旋转而改变空间。

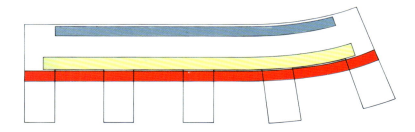 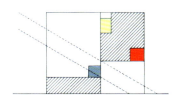

虚空间流线组织

公共走道使人们可以穿行于各住宅单元并将虚空间连接起来。沿着走道，空间在开放与封闭、光明与幽暗之间变化。三条通道各自产生出不同的空间关系：在庭院内、在庭院上、在庭院边，通向城市、公园或蓝天。

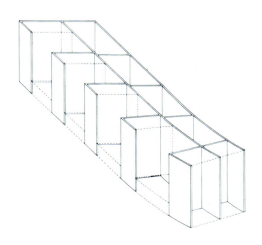

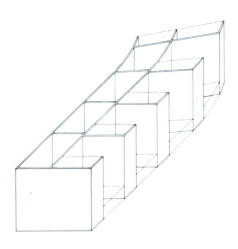

结构

裸露的承重水泥墙在一些地方染了色。人们由东而西地走在街上时，轻盈的铝合金幕墙让人可以看到建筑的剖面，而人们由西向东走，看到的则是完全不同的实墙立面。

单元类型

1　素混凝土立面局部
2　内庭院立面局部
3　立面与剖面图
4　草图
5–8　铰接空间分隔方式
9　住宅室内平面

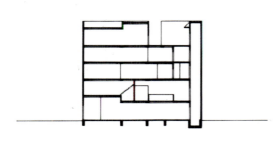
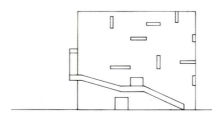
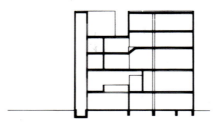

东立面　　　　　　　　　西立面

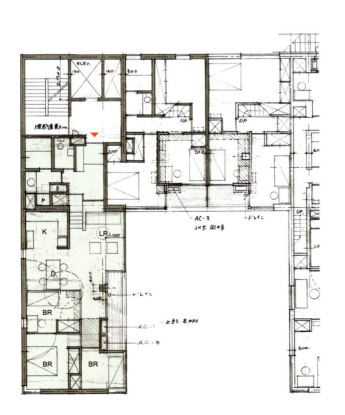
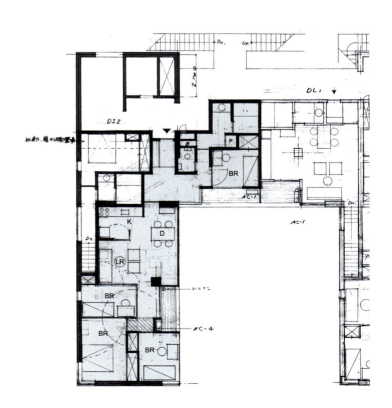

人物

1	3 4
2	5
	6 7

1-2 同一空间内隔墙变化形成不同格局
3-4 丰富的色彩为室内营造出不同气氛、不同层次的空间感觉
5 铰接空间概念草图
6-7 过道也成了人们交往的空间，孩子们在此可以愉快地玩耍

人物

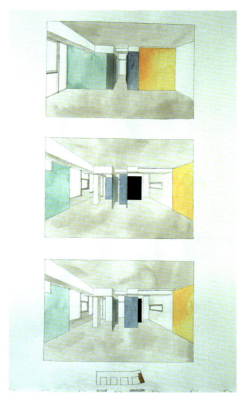

人物

爱荷华大学艺术与艺术史学院
SCHOOL OF ART & ART HISTORY, UNIVERSITY OF IOWA

撰 文	李杨
摄 影	Andy Ryan, Tom Jorgensen
资料提供	斯蒂文·霍尔建筑师事务所
地 点	N Riverside Dr 141,52242 Iowa City, United States
建筑面积	6100m²

　　教育建筑一向是霍尔的长项，他设计的麻省理工学院学生宿舍楼、普拉特研究所、明尼苏达大学建筑景观学院、纽约大学哲学系等一系列学院建筑各有特色，或气势凝重，或光影如幻，均备受各界瞩目。爱荷华大学艺术与艺术史学院亦是其经典项目之一，体现了进入21世纪后霍尔对于建筑的都市性、社会性以及分岔和扭转的设计语言的注重，当然，也少不了霍尔一贯的对场地的关注。

　　在霍尔的设计中，概念是一个先决的元素。他往往会从场地环境和建筑本身的特质中来汲取灵感。建筑位于爱荷华河畔，部分跨骑在一座池塘和一座临近的石灰石断崖上。1936年建造的艺术楼在洪水中严重溃毁，需要重建。在竞标之后业主选择了斯蒂文·霍尔建筑师事务所，因为他们"对艺术学院的使命和需求有很好的理解"，并指望他们能够"创造性地在一处激动人心但充满困难的场地上解决复杂的问题"。据说业主曾经建议新楼选址尽量远离爱荷华河以免再遭洪水侵袭，但是因为喜欢拿水做文章的霍尔对那片池塘的偏爱，最终还是将新楼临水而建。

　　霍尔一方面要适应和利用地形以及周围的植被，一方面也要考虑建筑本身的性质。爱荷华大学是第一座提供艺术创新作品奖学金的大学，早在1930年代即以大胆地结合艺术和艺术历史项目而闻名。霍尔认为，这样一个学院的项目，应该是一个产生艺术、展现艺术、传播艺术的空间，是一个"艺术发生器"。与艺术创作思维的开放性、灵活性、离散性、跳跃性和混沌性相适应，建筑外形也以一个颇具未来感的、有分岔的、具有开放边界和开放中心的复合体形式出现，有点像局部的深圳万科中心。建筑在某种程度上成了池塘和石灰石断崖的连接体，有点像一座桥，暗示了人与自然的融合。平坦和弯曲的体块被链接部件组织或"装配"在一起，融合了科技与人性、功能与意境，呈现出包容和富有弹性的姿态。在此项目中也可以看出一些类似解构的手法，如倾斜的墙面、视觉上有倒置感的楼梯、受到挤压的屋顶，与另一位善用建筑现象学的著名设计师丹尼尔·里勃斯金的作品相映成趣。在和艺术有关的特殊建筑里，人们希望视觉受到冲击，霍尔成功地通过建筑手段强化了人们在使用这类建筑时希望体验到的场所经验。

　　6500m²的建筑包括一座会堂、教室、一座艺术图书馆、工作室、一座艺术画廊、员工办公室、会议室和一座咖啡馆。受到场地的限制，一座容纳图书馆项目的提高的翼楼延伸到池塘上方，阅读区的一边和断崖的垂直景观交会，另一边和已建的艺术馆相连。校园里的交通可以从多个点引导至此。建筑内部"无定形"的空间是人、活动和理论的凝聚器。池塘周边的公共路线延伸到建筑的中庭，并以红色折叠钢板制作的悬垂的楼梯垂直向上。整个建筑创造了一个新的校园空间、路径和与景观的连接点。在建筑中边巡游边俯瞰远眺，可见丰富的空间层次在眼前徐徐展开，与四时变换的自然景观融为一体。人们可以在此处静观流光飞逝，池塘水面如屏幕映照晨光暮霭，雨落雪降述说季节的转换。

　　主要的水平通道和会客区域为学校各学科之间的交流提供了重要的空间。建筑内部走廊沿线的玻璃墙反映出工作间教室内的工作进展，同时里边的人向外望时也是一览无遗。屋顶混凝土厚板折叠起来，使朝北的光线漫射到艺术工作室内，使其天窗呈现新的景观。在炎热的季节，工作室可以打开通向外部的阳台。简单装饰和暴露的材料如混凝土底板和顶棚将材料的特质附加给新建筑。涂染过的管道系统、钢结构以及暴露在外的桥梁结构上的拉力杆纵横的线条交汇在一起，为室内空间带来一种功能结构主义的美感。通过对日常生活元素组合的创造性运用，霍尔进一步探索了建筑语言的丰富可能性。

　　在这个项目中，霍尔对于材料的创造性使用也一直为业界所称道。他采用了耐候抗腐蚀钢（Core-Ten steel），其价格仅为铝的一半，但同样具有令人过目难忘的视觉效果。这种钢材色彩鲜艳，而且其颜色会随着时间的流逝逐渐改变，可以很好地表现建筑"风化"的效果，受到很多建筑师的厚爱。霍尔曾经谈到，他选择这种材料不是为了追赶流行工业时尚或追求形式上的新奇独特，而是有着节省成本和环保的打算，更是考虑到对于老楼红砖表面的呼应。经济可行的施工技术贯穿于整个建筑，使得项目保持在预算范围内。

　　大楼在正式开放之前已经用作爱荷华大学的社会活动，沿着池塘展开的户外露台成了学生、教师和附近社区人们经常聚集的地方。从1990年代初的日本福冈公寓开始，霍尔即表现出对于空间公共性和交流性的强烈关注。交流屏障是工业及后工业社会不可避免的社会问题，高速发展带来各项经济指标的增长，同时也带来了更深广的孤独感。人们日渐失去交流的对象和场合，霍尔希望建筑对于社会交流与城市文化融会贯通的层面能够发生积极的影响。

　　爱荷华大学艺术和艺术历史学院院长Dorothy Johnson的评价可以表明霍尔最初的概念意图确实得以实现。他说："走进新楼就好像走进了一件艺术品——它确实是一种美学的经历。人们会惊讶于空间能够如此转换，并在此间思考和感受作品。"

人物

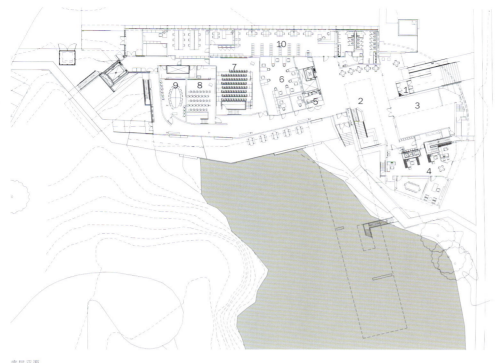
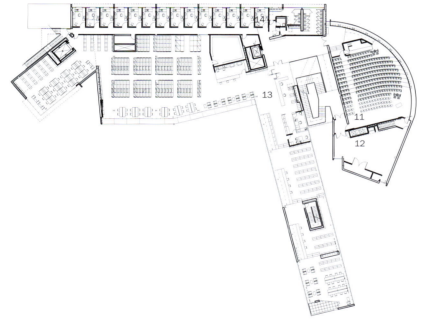

底层平面

二层平面

三层平面

1–2	基地环境鸟瞰
3	各层平面
4	建筑与周边关系
5	模型

1	入口
2	讨论区
3	展厅
4	管理室
5	咖啡厅
6	学生处
7–9	艺术史教室
10	视听资料室
11	礼堂
12	多媒体剧场
13	艺术图书馆
14	教工室
15	毕业设计工作室
16–17	数码工作室
18–19	绘画工作室
20–21	设计工作室
22–23	阳台

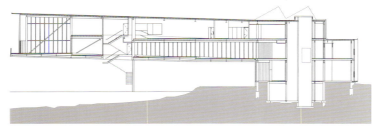

横向剖面(西)

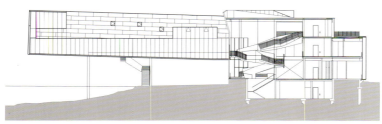

交流通道剖面

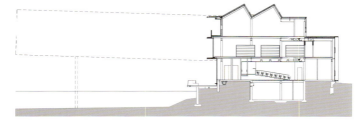

纵向剖面(西)

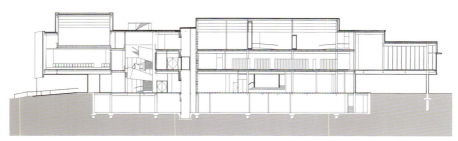

横向剖面(南)

1		3
2		4 5 6

1 建筑半跨在池塘上
2 剖面图
3-6 建筑立面

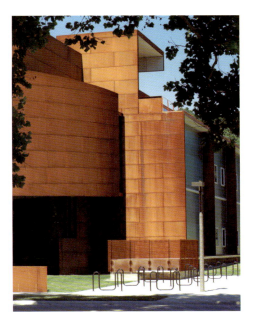
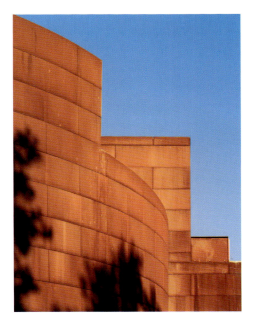

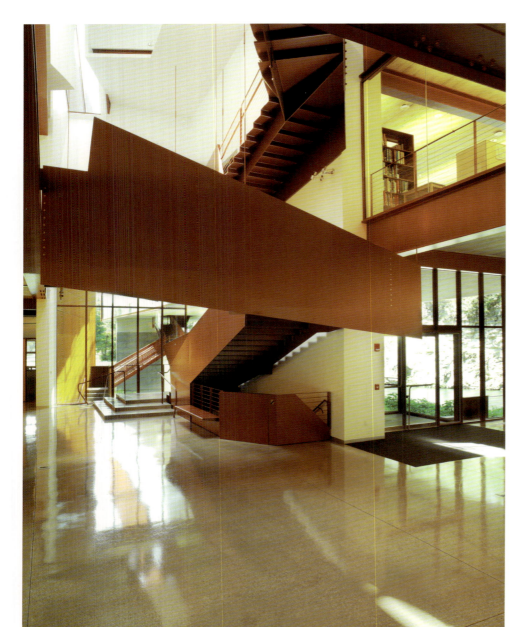

1-5 建筑室内
6 沿池塘展开的户外露台成了师生们和附近社区人们经常聚集的地方

人物
73

南京艺术建筑博物馆
NANJING MUSEUM OF ART & ARCHITECTURE

撰 文	卫震
资料提供	斯蒂文·霍尔建筑师事务所
地 点	南京市浦口区佛手湖中国国际建筑艺术实践展园区
建筑面积	2787m²
设计时间	2003年
竣工时间	2010年

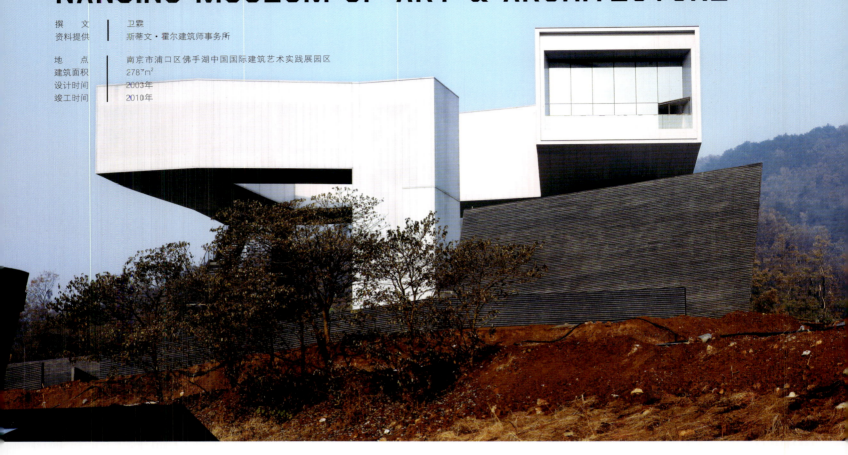

建筑现象学思想是斯蒂文·霍尔建筑设计理念的主要特色之一,他把对建筑的亲身感受和具体经验与知觉作为设计的源泉和结果。霍尔曾经谈到:"建筑的思维由意念产生,意念来自现象,而现象则存在于场所之中。"这意味着,霍尔将场所与建筑的功能组织,亦即景观,日照,交通流线等是作为建筑物理学来考虑,而这种物理学需要一种形而上学的指导。建筑是依据场所所特有的内涵设计的,建筑与场所的融合又可以超越物理和功能的要求。他力图使建筑处在场所之中并体现场所精神,也引导人们通过建筑体会这一精神所在并达到对世界的感知。霍尔在《锚固》一书中如是说:"从场地的第一个感觉中产生的意念,在原始思维基础上的反省,或者对现有地形的重新考虑,都能化为创作的框架。"当2003年霍尔应矶崎新之邀参加南京佛手湖中国国际建筑艺术实践展并担纲设计南京艺术建筑博物馆之时,面对场地,浮现于霍尔脑海中的第一感觉,或许就是中国古代的山水画轴。这一项目位于国际建筑艺术实践展入口处,也就是南京浦口区珍珠泉度假区南面的佛手湖畔。珍珠泉的历史可上溯到1500多年前的南北朝时期,梁武帝即曾在此营建行宫。周边老山山脉诸峰相连,景色错落有致。佛手湖由筑坝蓄水而成,中有五个半岛,每个水凹处像极了手指缝,而整体看起来湖面又状若佛手,故名佛手湖。湖光山色交相辉映,宛然一幅山水长卷。

以一个西方观察者的角度而言,霍尔认为中西绘画最基本的差别之一即是透视法的不同,风景画当中尤其如此。西方绘画习用焦点透视,往往只有一个灭点,一般画的视域只有60°,就是人眼固定不动可能看到的范围,视域角度过大的景物则不能包括到画面中,如同照相。中国人虽然早在13世纪即已了解了焦点透视法,却不知出于何种原因采取了无视态度,而采用了散点透视或称平行透视,即一个画面中可以有许多焦点,如同一边走一边看,每一段可以有一个焦点,因此可以画非常长的长卷或立轴,视域范围无限扩大。霍尔将山水特质视为场地内涵,其设计概念也就从中国山水画的这种平行透视中汲取了灵感,试图为人们提供一个"游观"山水的空间。

霍尔没有将博物馆的外形设计成具有中国古风的样子,他也一贯不会用具象化的形式或符号来传达场所的精神。谈到这个项目时霍尔

1	3	4	5
2		6	7	8

1 建筑外观(© 舒赫)
2 基地概况
3 景观平面
4-5 概念草图
6-8 模型

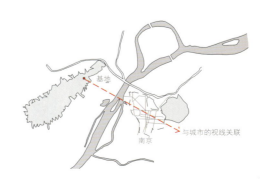

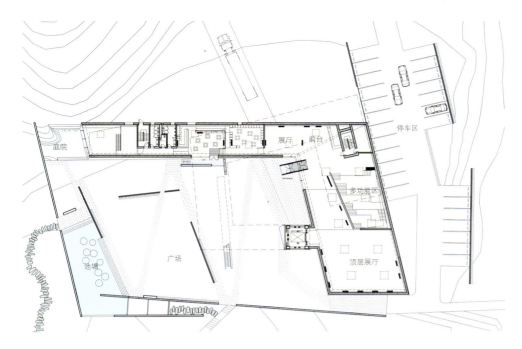

曾说:"我希望我的设计能够体现的东西,那就是它既承载了过去的历史,同时也连接着未来。就是要把未来与扎根在历史土壤中的东西结合起来,建筑才有生命力。"空间的造型是霍尔常用的旋转与曲线结合而成的具有湍流感的空间。他在许多以明晰的直线塑造的建筑中采用夸张的悬挑结构,在角部形成视觉冲击,配合以在边缘进行的矩形切割形成L型、T型、H型组合的建筑形态,在此处也是如此。具有凝重感的黑色的竹模混凝土围合出庭院,混凝土浇筑完成后,表面呈现出自然的竹节肌理,衬托得其中以多层复合白色阳光板为表皮的盘旋钢结构展廊更显轻盈。黑白对比的基调带来了水墨画般的视觉效果,同时也表现出一种谦逊的姿态,为其中将要进入的各种色调的展品充当背景。当夜晚华灯初上之时,盘旋体呈现出半透明状,更有如漂浮在空中一般。这个半悬浮状的90m长的展廊给结构设计师提出了巨大的挑战,其最大悬挑跨度约25m,600t钢材组成的建筑仅靠电梯、楼梯和钢板墙三处结构支撑,这个空间受力体系的成功实现,可以说是中国建筑施工实力的一次飞跃。建筑体形上的曲折上升使得体形前后有着不同的透视关系,也为建筑外型增加了动感。

进入庭院内部,低层的直线通道逐步上升成为一条蜿蜒环绕的走廊。建筑体形的回旋上升是霍尔常用的手法,在意大利罗马当代艺术中心等建筑作品中已有体现。人们被展览引导而上,欣赏馆内展品的同时,也可以游观室外的山水景致。霍尔试图创造一个如中国山水画中那样,由移动的视角、变化的空间层次以及大片的云雾和流水无间地彼此渗透而形成的空间,引导参观者感受到一种"人在画中游"的体验。正如南朝宋·刘义庆的《世说新语·言语》中说:"从山阴道上行,山川自相应发,使人应接不暇。"空间的顶端是一个悬挑的结构体,游赏体验在此达到高潮——当人们转弯来到展廊尽头,巨大的落地窗扑面而来,如一个开向外界的洞口,引入开阔的视域,强化了景深的效果。人们可以在这里眺望隔江相对的南京古城,通过这一视线轴,山野风光与的南京城的都市气象产生了关联。在霍尔的作品中,这样富有戏剧性的建筑体形变化与室内空间也是相当常见并颇具霍氏特色的。

材料也是霍尔表现场地特质的又一工具。竹模混凝土中所用的竹子,均产自本地。而"竹"这一因其劲节坚直而被中国古代文人视为良师益友的意象,亦具有深刻的文化层面意义。项目中用于铺装的地砖,来自南京市中心老巷子中被拆掉的民居,回收后再利用于这个现代建筑中。这一行为既具有可持续发展上的意义,也是对于六朝古都南京的再一次场地致敬。

诸多评论家都曾评价霍尔是一位不断自我更新,鲜少自我重复的设计师,这或许就是因为他能掌握现象学的认知态度,尊重每一个场所的特征和不可预测性。对于只会抄自己、甚或连自己都没得抄还要抄别人的设计师而言,霍尔的做法应该能提供一些启示,根据所要设计的建筑的本质来选择与创造建筑要素,从而表达特定的场所精神,而非根据流行。

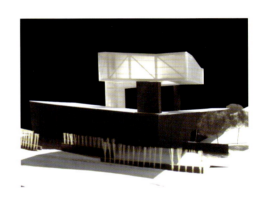

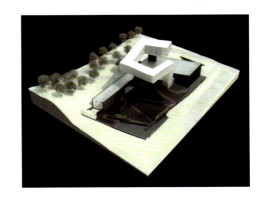

人物

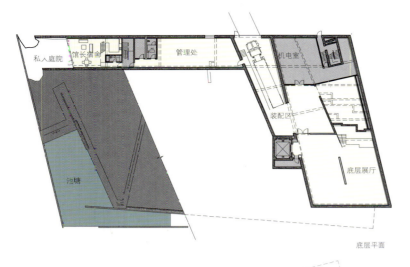
底层平面

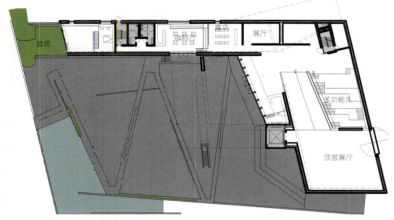
二层平面

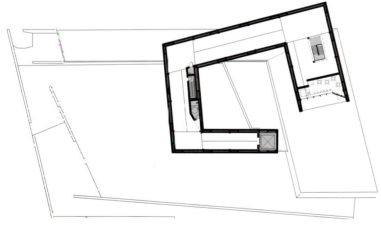
悬浮展厅平面

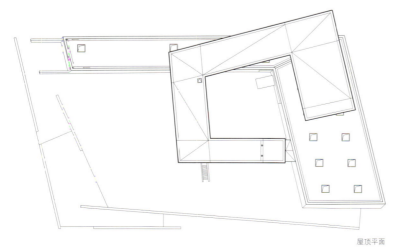
屋顶平面

1　各层平面
2-3　建筑与环境关系示意图
4　背靠老山山脉，建筑"悬浮"于一片苍翠中（© 舒赫）
5-7　悬浮部分各体块局部
8-10　夜景

人物

1 庭院水景
2 铺地的地砖均自南京城中拆掉的老巷宅院中来
3 竹模混凝土表面细部（©Iwan Baan）
4 立面黑白两色基调强调水墨意味（©Iwan Baan）
5 庭院内仰视半空中的悬浮结构（©Iwan Baan）
6 各方向立面

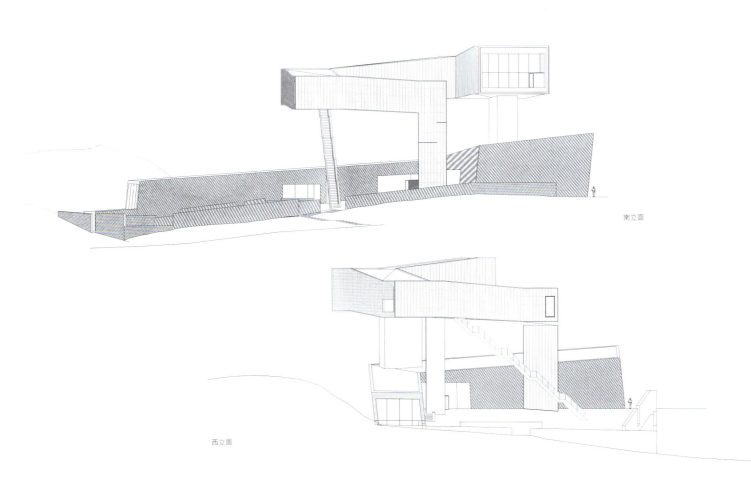

南立面

西立面

人物

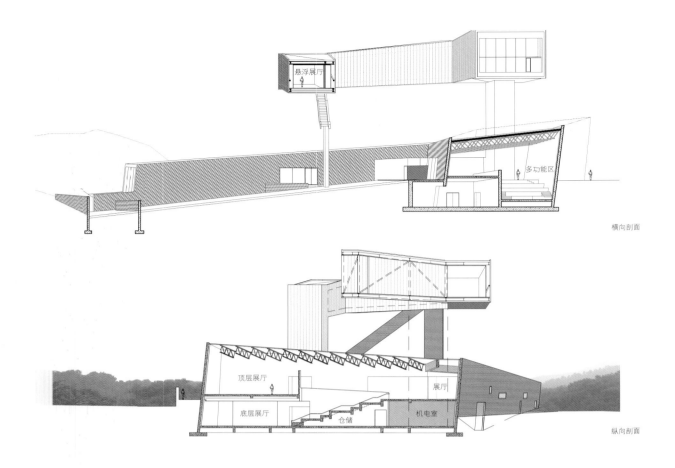

横向剖面

纵向剖面

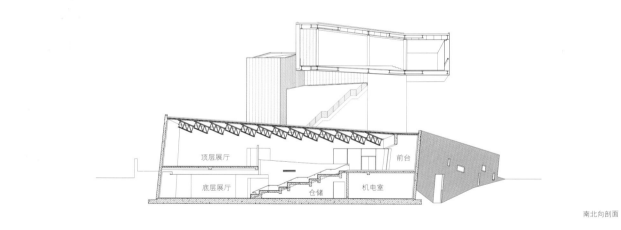

南北向剖面

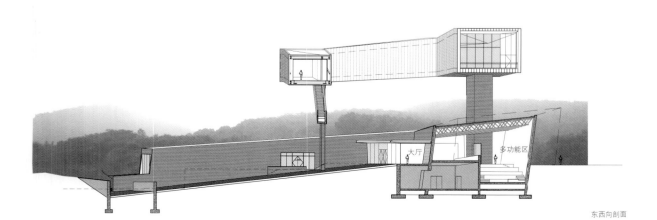

东西向剖面

1　各层平面
2-6　室内效果图

北京当代 MOMA
联结复合体
BEIJING MOMA LINKED HYBRID

撰 文	李杨
资料提供	斯蒂文·霍尔建筑师事务所
地 点	北京市东城区东直门香河园路1号院
建筑面积	221,462m²
设计时间	2003年
竣工时间	2009年

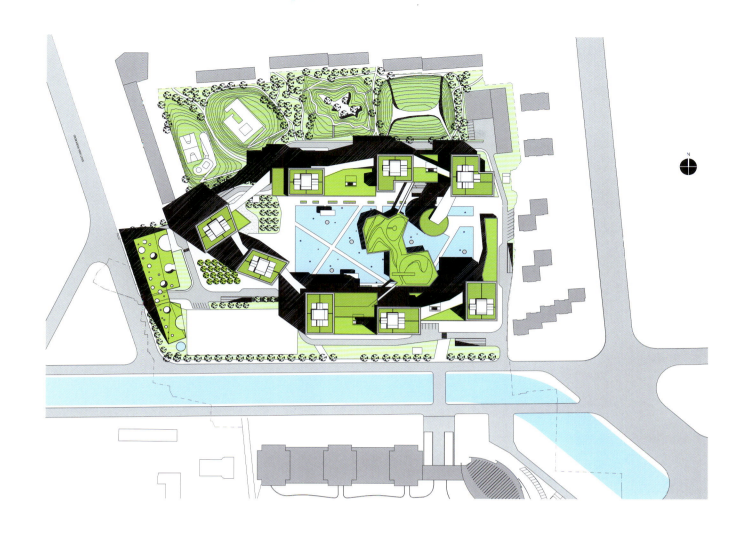

单就外形而言，位于北京老城墙边的当代MOMA建筑群或许只是个像CCTV新楼或鸟巢一样由国际建筑大师设计、具有超大体量和惊人视觉震撼力的"奇观"式建筑作品。然而究其设计理念和策略，则不难看出其在现代都市发展和建筑社会学层面上的深层意义。这个22万m²的步行系统综合体项目，对于中国当下城市发展具有一定的研究意义：它创造了一个全新的渗透型城市空间，全面向城市开放并将公众引入内部。围合和贯穿于该项目的不同层次的空间给人带来放电影般的城市空间体验，并与连接各建筑物的众多连桥和连廊共同创造出一个"城中开放城"。该项目力求促进各种场合如居住、购物、教育、休闲等处所的公共交流和偶遇的机会。整个综合体就是一个三维的城市空间组合，地面、地下和地上空间被紧密地融合在一起。

从1996年的日本幕张住宅项目开始，霍尔就已经表现出了对于混合型城市居住区的强烈兴趣。在幕张住宅中，霍尔尝试了居住建筑与公共空间的交织，而北京MOMA则为其理念彻底施展提供了千载难逢的机遇。起初，当代置业集团选择霍尔作为当代MOMA的设计师，当然有欣赏其丰富的集合住宅和可持续设计经验的因素，同时也是看中了他头上耀眼的明星设计师光环，但却显然没有料到他营造时代居住典范的"野心"。霍尔在与业主初次会面后写道："只有给项目赋予一个真正公共的维度，使之开放、城市化，我才为他们做设计。"霍尔希望"以此为北京设立一个新的范例——城中城"，他把项目的指导原则定位为"创造一个能够作为21世纪居住典范的项目"。幸运的是，业主最终决定实施这个超出了他们本来预算的方案。

建筑物由连廊联结在一起的形态源自"野兽派"绘画大师亨利·马蒂斯的名作《舞蹈》。这也是霍尔对于北京由一个水平城市超速发展为摩天楼与空地混乱铺展的巨型混沌都市的局面所作出的回应。霍尔认为："在讨论中国项目时，我们意识到必须首先考虑城市里的城区段。线性透视法的老思路已经被淘汰了，现代都市生活呈现的是多重的消失点。大都会中心区的人口密集程度远远超过预期，所以在21世纪大都市里，要突破平面空间，在垂直度和对角线上释放更多的空间，以满足不断增长的人口居住要求。在快速的都市化进程中，许多开发商热衷于在繁忙的马路边上建造庞大的公寓大楼，没有开放的公共空间，没有绿化，也没有多元的规划，因此迫切地需要诞生一种新型建筑和都市模型去适应它。这种建筑、模型将具有全新的公众空间模式、绿色发明、合理规划、

1	2
	3

1　建筑群犹如手拉手起舞（©Iwan Baan）
2　总平面
3　概念草图

人物

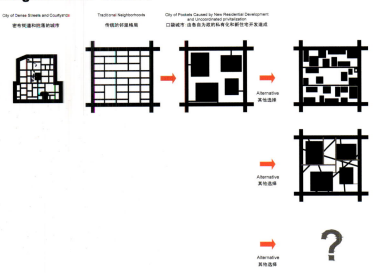

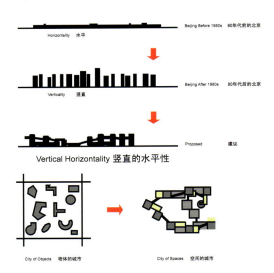

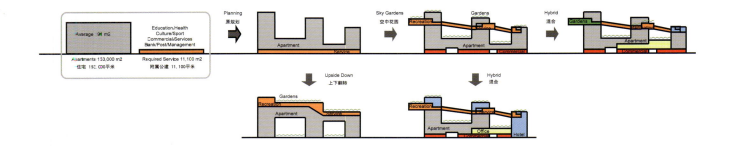

| | 1 | 3 |
| 2 | | |

1　都市策略分析图解
2　基地状况（© 舒赫）
3　小区内景（© 舒赫）

局部空间和立体空间，将改变快速的都市化进程。"当代MOMA联结交织的建筑和景观综合空间，是对于孤立塔楼社区的主流模式的颠覆。设计师在建筑组群的公共性、丰富性以及节能性方面毫不吝惜笔墨，力图创造出不同于中国现有住宅、可在社区内部实现互动交流，既提供服务，又不封闭的新居住形态。

建筑外立面材料采用磨砂氧化铝板，以轻盈的形式来减轻高密度、大体量建筑的压迫感，同时避免产生光污染。考虑到节能需要，所有开窗均为标准尺寸。窗框部分采用彩色装饰铝板，外饰彩色夜光漆。用于抗震的斜撑的应用使立面更具丰富性和个性感。建筑群底层为使用者和来访者提供了众多穿过建筑的开放通道，社区中心的映水池水面上是倒锥体的百老汇艺术影院。过道和小规模的商铺构成一个"微观都市"，这些商铺也激活了中心水池周边的城市空间。位于楼群中间层、与影城屋顶和露天连廊相连的屋顶花园提供了静谧的公共绿地空间；而8个住宅塔楼上的私人屋顶花园则为顶层的公寓专享。首层所有的公共功能，包括餐厅、宾馆、蒙特梭利学校、幼儿园和电影院，都与周围或插入该项目的绿色空间相连。场地的西北还有利用从基地挖掘出的土方堆叠而成的5座山丘花园，与穿插于整个社区的低空屋顶花园群落一起构成多层次的社区公共景观。在建筑的十二到十八层之间架着一组多功能的空中连廊，可以兼做游泳池、健身房、咖啡厅、展览馆、会议厅和小型社区聚会场所等。

空中连廊将八个住宅楼和宾馆塔楼彼此相连，打通了楼与楼之间的空间联系，亦试图借此打破人与人之间的交流屏障。每一个连廊都是通透的玻璃体，漫步连廊，透过LOW—E玻璃窗，向东可以看见东二环新兴的商业实验建筑群和CBD区域，向西可以看到故宫、北海等古建筑，南面可见气势宏大的东直门立体交通系统，北面是营盘般齐整的住宅楼阵列……此外，社区内的五行丘、映水池、屋顶花园、电影院也可尽收眼底，带来独特的空间/视觉体验。设计师希望公共的空中环与地面的环能够持续产生出随意的关系，就像一个社会化的大容器，在其中能碰撞出不同的城市生活经历来。霍尔认为："博物馆、美术馆也好，社区也好，这些场所并非为特定人群服务，相反，它们应该能够包容下不同种族、不同阶层的市民，让他们自由地休憩、谈话，直接与城市对话而不是对着冷冰冰的电脑屏幕和手机听筒。"通过连廊里的艺术展览与艺术电影院，设计师想要吸引更多的非住户来到这个社区，因为文化上的需求主动融入这座人们印象中的高档小区。这将彻底改变社区存在的意义，或者说，将从根本上影响社区在城市文化版图中的地位，从而将其功能变得多元而深刻。为了全面实现"link"的意义，霍尔还在公寓室内使用大量的"合页空间"（Hinged Space），没有固定的门、墙，移动式的门板、墙板随时都可以打开合起，既让居住者随心所欲地改变空间格局，也创造建筑的流动感。令霍尔感到遗憾的是，东方人习惯用与外界形式上的隔离来形成安全感，在业主压力下开发商还是给社区建起了围墙，使设计师期望的公共联系与交流多少打了折扣。

可持续设计也是当代MOMA的一大亮点，其能耗是传统建筑的30%。空调系统在传统户式中央空调的基础上，外加分户独立可调控新风系统。取自室外的新鲜空气经过滤除尘、加热、降温、加湿、除湿等处理过程，从房间底部送风口送出，带走污浊气体，最后经由房间顶部排气孔排出。新、回风杜绝交叉污染，既节能又保证室内空气品质的要求。采暖系统采用了目前世界上最大的地源热泵系统，8幢建筑下，有660根巨大的地源热泵的柱子深入地下，一套双U形管道将水从地下100m抽出，使冷（热）水可在建筑的混凝土顶棚内的管线中循环。这样，水循环系统在冬季可成为一个巨大的取暖器，在夏季则又是一个冷却系统，不用烧锅炉来供暖，也不用开空调制冷。公寓每天产生的废水会被循环再利用于映水池、绿化灌溉和冲洗卫生间。多种最新技术和材料如天棚辐射制冷和采暖系统、外遮阳系统、免费制冷潜力利用系统以及恰当的隔热、优化的玻璃品质等均被应用于当代MOMA，力图实现舒适而低能耗的居住环境，并将系统对周围环境的影响减少到最小。尽管也有不少人认为诸如巨大的地源热泵系统、空中连廊的大跨度钢结构等技术手段目前无法推广，有一定哗众取宠之嫌，但不可否认的是，这种在节能技术上的实验对未来的居住建筑可持续设计发展确有借鉴和推动意义。

人物

1-3 剖面图
4 内庭院与屋顶花园（© 舒赫）
5 空中连廊灯光效果（© 舒赫）
6-8 局部草图
9 上层平面
10 公共空间进入及交通路线示意图

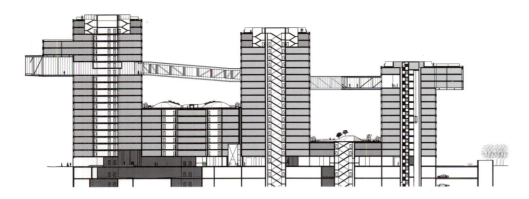

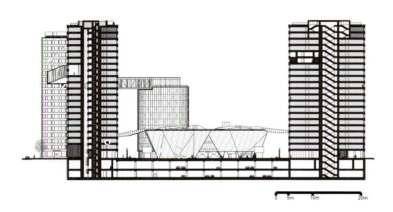

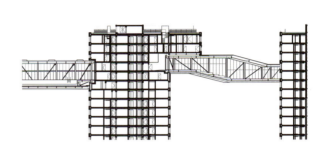

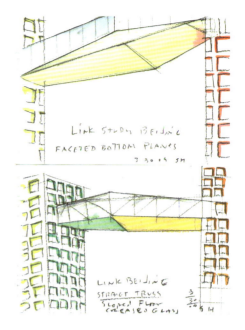

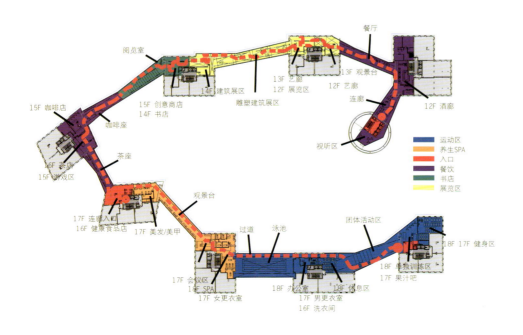

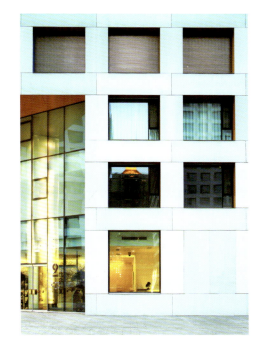

1	2	5
	3	
	4	6

1　水庭（©Iwan Baan）
2　内院一角（© 舒赫）
3-4　人与建筑及环境的互动（©Iwan Baan）
5　立面局部（© 舒赫）
6　空中连廊室内（© 舒赫）

深圳万科中心
SHENZHEN VANKE CENTER

撰　　文	卫霖
资料提供	斯蒂文·霍尔建筑师事务所
地　　点	深圳市盐田区大梅沙环梅路33号
总建筑面积	120,200m²
设计时间	2006年
竣工时间	2009年

万科中心地处深圳盐田区大鹏湾畔的大梅沙旅游度假区,北靠梧桐山绿色山脊,南依大鹏湾海域,与香港新界隔海相望。四周为崎头岭、上坪水库集水区、菠萝山和正角嘴,三面青山环绕,距大梅沙海滨公园约1000m,长达1800m的沙滩点染出浓郁的亚热带海滨风光。

生活在海边的人看到万科中心的建筑外观,可能会联想到海边常会见到的棚屋——架空在海岸线上,海水涌上来,棚屋便像是浮在水面上;海水退下去,又露出扎根在地面上的支架。这或许也正是霍尔对这片场地精神的一种瞬间印象式的的捕捉——深圳恰是由小渔村繁衍而成的新城,如今热带风光与渔村风貌已被高楼林立的城市逐寸吞蚀,终退至城市与海洋的分界线。这样的建筑形象,是对土地原有记忆的保留,亦是霍尔"巨构反摩天楼"理念的呈现。霍尔如是总结万科中心的概念:"漂浮的地平线——一个位于最大化景观园林之上的水平向超高层建筑。"点出了解读万科中心的三个关键词:漂浮、水平向、最大化景观园林。

漂浮

抗拒地心引力,使建筑的土木沉重之躯呈现出轻盈而有悬浮感的姿态,历来是建筑师极为热衷的目标。被万科人描述为形如一把"AK47"、支岔纵横的万科中心,其长度约相当于纽约帝国大厦的高度,令其"漂浮"起来并非易事。设计师也绝不仅仅是追求这样的形式,同时也有诸多功能上的考虑,该建筑还是一个海啸防悬停架构,试图形成一个可渗透的微气候公共休憩景观,也将地面绿化空间最大限度地还给公众。

与北京当代MOMA和南京艺术建筑博物馆的局部"漂浮"不同,万科中心是一个巨大体量的整体"漂浮"。在35m限高下,应采取怎样的方式抬起一个整体的结构以取代数个小结构体分别满足特定功能?结构专家反复论证,最终提出了世界首创的"斜拉桥上盖房子"的方案,采用集大跨度、悬拉索、钢结构、混凝土与预应力于一身的桥梁结构构造"漂浮建筑体"的支撑部分。先建9个核心筒、盖好顶,回头建二楼钢结构,利用钢楼盖及顶层混凝土楼盖的轴向刚度和承载力,实现大跨度结构跨越和悬臂,同时通过预应力值的调整优化,改善上部混凝土框架结构的受力变形状态,建造第3~5层。最后,9个核心筒和实腹厚墙、落地柱完成竖向承载力,支撑起上部结构,在底部形成了连续的大空间。核地筒、实腹墙及柱水平距离50~60m,上部建筑端部悬臂15~20m。整栋建筑的高度不过二三十米,且比传统巨型钢支撑结构节约投资约8000万元。为了突破垂直柱体的单调,底部支撑的钢管混凝土柱群中还有几根被特别予以倾斜处理,使得视觉效果更为丰富。

站在建筑主体下方,可以一方面享受有遮盖的绿地,也可以极好地体验这种"漂浮"的效果。远近错落的建筑局部,包括巨大的端处悬挑、以吊挂的玻璃盒子形态出现的"深圳之窗",恍然有种身处巨大飞行物底部的感觉。而吊挂式的逃生梯则更突出了一种科幻般的未来感,这种外部长梯的形式也曾出现在如惠特尼水处理厂等霍尔的其他项目中。

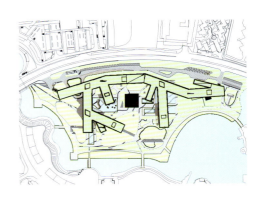

1　"漂浮"在水面上的建筑体 (©SHA)
2　基地环境 (©Iwan Baan)
3　结构细部 (©Iwan Baan)
4　顶层平面

1　地面覆土建筑与悬挑结构（©SHA）
2　基地平面图
3　地下一层平面
4　地下二层平面
5　地上各层平面
6　钢管混凝土大柱群中有几根被作了倾斜处理以打破垂直柱的单调
7　近景、中景、远景层次分明（©SHA）

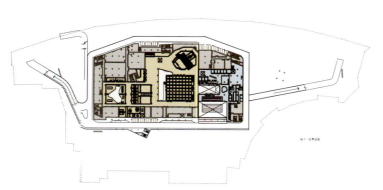

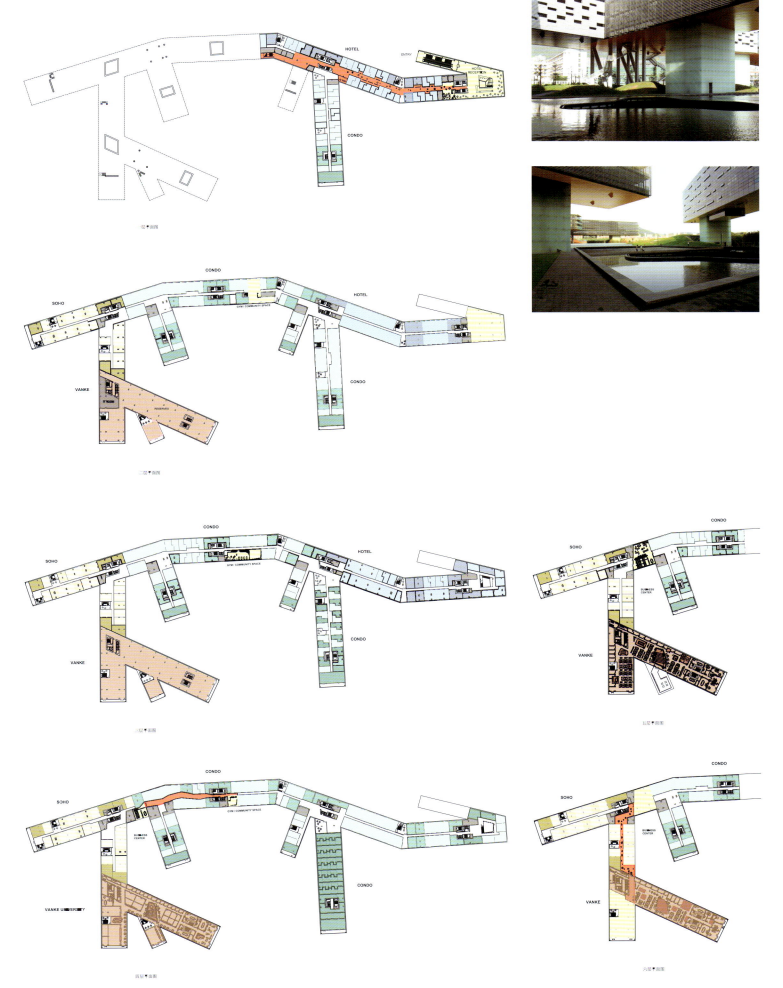

水平

　　基于对美国城市规划的反思，霍尔对于大城市中摩天楼争奇攀高现象都有所不满。因此，他的方案多是通过水平方向和竖向三构体量联结构成包含商业、居住、办公的城市综合体。万科中心被称为"平放的帝国大厦"，之所以要'平放'，不是天外飞仙式的随性之笔，也不仅是霍尔突破传统摩天楼模式的创意所至，更多的是出于对场地的理解和尊重。幸运的是，作为房地产行业领军企业之一的万科集团也颇有远见地放弃了欲与天公试比高的超高层建筑，以着眼于未来的姿态接受了这个含蓄的形式。

　　建筑选址在填海而成的地块上，同时是市政雨水管理系统的一部分。霍尔将各种功能如办公、SOHO、酒店、国际会议中心、展厅等集成于一个宽广的视觉平面中，由于不同体块间功能不同，亦不会出现太大的日常联系上的交通问题。地面层多元的日常生活可以在功能单元中不断改变和演化，这些单元和周边活动之间的渗透性非常重要，地面出租的空间可以让租户使用当地的自然材料自己建造，例如竹子、茅草屋顶等，并且可以提供紧密多样的使用性，使其具备很大的可变性和灵活性。悬浮的建筑设计使地面空间完全释放，形成一个开放的公共绿地，在封闭社区内创造了新的公共交往空间，也打破了当代中国城市中自成一统，非请勿入的"单位"格局，使万科中心获得了全然不同的城市意义。

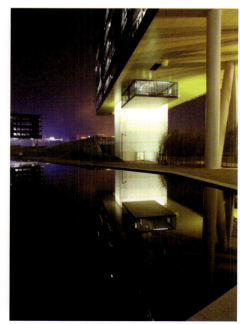

人物

| 1 | 3 | 5 6 |
| 2 | 4 | 7 8 |

1　在架空结构下向上仰望（©SHA）
2　水池的映像效果（©SHA）
3-4　夜景（©SHA）
5　立面局部（©SHA）
6　磨砂玻璃核心筒局部（©SHA）
7　平面功能分区
8　剖面图

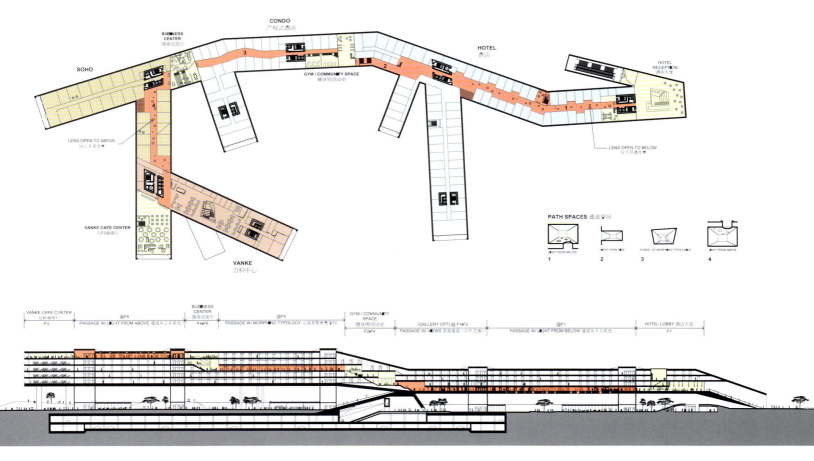

1		
2		
3		6
4		
5		

1　地面下别有洞天（©SHA）
2　遮阳板细部（©SHA）
3　楼梯（©SHA）
4-5　建筑外形的元素被应用于照明、家具等细节上（©SHA）
6　室内（©SHA）

景观与绿色策略

或许是因为早年曾投身于著名景观建筑师劳伦斯·哈普林（Lawrence Halprin）事务所工作，该事务所最早实验了生态规划概念，并强调景观设计的体验性、公众参与性以及对城市现有肌理的影响，霍尔在景观设计上也总有令人惊艳的作为，他的作品常常是复杂工程、生态体系与自然环境的精美交织。

万科中心由下沉庭院、水系、绿地、山丘组合出丰富的立体景观，架空的结构使绿化面积达到最大，也加强了通风对流，营造出良好的局部微气候环境。底层的地面上，当地河中的石头、碾碎的沙砾、开缝接头的铺路石材等被用来作为渗水铺地，可以加强雨水渗透。榕树、椰树散落在草地上，植被浅沟、渗透沟渠、生物滞留等与景观结合的方式，减低雨水冲刷，保持当地水土环境的同时又减少灌溉用水，可以将由常规发展模式引起的泥沙流失、侵蚀和环境破坏降到最低。

哈普林在设计都市空间时试图把自然的体验带到都市生活中。霍尔在设计中也恰如其分地发挥了这种理念。万科中心的景观设计具有质朴的田园气息和多重感官体系的体验性。置身其中，海风拂面，鸟鸣蛙声入耳，眼观建筑底部色彩斑斓的面板与绿地倒映在水面上，植物的芬芳扑鼻而来，会让人不由想起John Muir在《夏日山居》中所写的："当我们试图独立挑出任何事物的时候，我们会发现它和宇宙里的其他所有事物都连结在一起。"

与霍尔的其他项目一样，万科中心也在绿色环保方面做到了极致。雨水回收系统将屋面和露天雨水收集处理，蓄积在水景池内，用于绿化和补充景观水池水量的损失。中心产生的中水和污水全部回收，通过人工湿地进行生物降解，用作本地灌溉及清洗等其他用途，保证100%不使用饮用水来作为景观用水。大面积低辐射、高透光玻璃被用来获得充足的日照，为隔热及避免产生冬季眩光，配以可自动调节的外遮阳系统，可根据太阳高度角以及室内的照度自动调节水平遮阳板，开启的范围达0~90°。遮阳板上棕榈叶状的孔隙灵感来自霍尔在路边随手拾来的一片树叶，投下婆娑光影的同时亦不会阻挡窗外的风景。遮阳板与高性能玻璃涂层形成一个双层的立面。涂层与遮阳板之间的空隙营造了一种对流的烟囱效应，凉爽空气不断地被从建筑的下侧引入，热空气则从靠近屋顶的结构排出。其他诸如蓄冰空调技术、地板送风系统、太阳能热水以及光伏电系统等高效节能装置亦无须——赘述。在室内外建筑材料的选用上，也是尽量使用本地材料以减少运输能耗；使用回收修复或再用的材料产品和装饰材料；采用大量竹、羊毛、快生木材等可再生材料。

霍尔曾谈到："我之所以在中国工作，主要原因是可以自由地展望和了解21世纪的建筑远景，比如可持续性能源体系和综合型都市，后者既具有开放性，又有全新的公众空间。"进入21世纪以来，解决功能如何并置与复合；建筑如何形成城市空间、如何将景观、城市、建筑融为一体；建筑内外、城市与建筑的交叉体验等问题隐然压倒了1990年代霍尔对现象学的关切，通过建筑影响乃至改造城市越来越成为霍尔建造实践的重要命题。而处于激烈膨胀和发展中、尚未完全定型的中国城市恰好为这位有着独到建筑理念和哲学，同时亦经由近四十年从业生涯积累而渐臻创作高峰的设计师提供了一个可以施展拳脚的舞台。野心勃勃试图打造建筑"新范式"的霍尔与少数对中国以往建造现实有所反思、对未来"新建筑"发展有所期许的业主相遇，其结果便是如万科中心这样具有一定社会意义的多功能复合型义建筑的诞生。它符合了霍尔对都市主义建筑的定义：创造尽可能多的城市公共空间；非单一功能而是多种功能复合而成；具有对材质的实验和开发利用，进行了光线与感官现象的研究；有助于生态平衡和可持续发展。 END

人物

设计沙龙-上海

重构传统：亚洲根系中的当代设计

撰　文｜姚远
摄　影｜赵鹏程

　　于2009年9月开业的璞丽酒店是沪上近期备受关注的一家设计酒店，由澳大利亚设计公司LAYAN DESIGN GROUP联合印度尼西亚JAYA & ASSOCIATES室内设计公司及澳大利亚灯光设计公司THE FLAMMING BEACON共同打造。酒店定位为"都会桃源"，试图将上海城市中心的方便、快捷与度假胜地的静谧、写意和舒适融为一体，带来全新的都市度假理念。2010年10月22日，《室内设计师》编辑部联手金晶科技股份有限公司，邀请长三角多位知名室内设计师会聚璞丽酒店，由该酒店室内设计入手，共同探讨交流当前中国酒店室内设计的理念、手法及品质提升之道。

形式与功能

程志平（上海建筑装饰工程有限公司 副总工程师）：璞丽酒店我专程来看过两次，其室内设计确实很有特色。我们现在很多酒店都做得很模式化，让人不觉得跟我们有什么距离，而璞丽酒店的美我感觉是跟我们的生活拉开了一段很远的距离，这种距离就带来了美的感觉。璞丽酒店首先是在空间策划上很特别，比如很多酒店的走廊都会让人觉得压抑，而这里的层高极高，令人感觉非常开阔；其次绿化也做得分量很足；另外，陈设方面也很有特色，到处可见别的酒店所没有的别致摆设，这也是我所说的它高于我们平常生活的方面，一般我们家里是很少会有这么多、这么丰富的摆设的。还有一个我要特别提到的是颜色，尽管整体设计以简洁为主，但是独特的个颜色和宽敞的空间给人带来沉稳和富贵的感觉。

李李（华鼎建筑装饰工程有限公司 院长助理）：我是璞丽酒店刚开业时来住过，当时大家早就听说这家酒店的设计非常漂亮，一直很期待，来了之后感觉果然没有辜负大家的期待，无论是气氛还是陈设都跟上海大部分商务酒店有所差别。我感受最深的是这里安静和令人放松的氛围，不像有些酒店那样让人一进去就觉得自己非常渺小，与周围格格不入，总要带上一副面具。空间虽然很高，但并不让人感觉特别有压迫感和距离感。同时，酒店的东方元素设计得也很贴切。

孙天文（上海黑泡泡建筑装饰设计公司总设计师、设计总监）：我现在评价项目不太会从好看不好看或者合理不合理的角度来考虑，我更关注它的出发点。比如世博会中国馆的设计，如果我们的国策是走韬光养晦路线的话，那么现在的中国馆设计可以说就是失败的；而如果要表现强大的一面，那这个设计就是合适的。璞丽确实有别于其他商务酒店，它给人很放松的感觉，空间尺度和东方元素的运用也很到位。我觉得比较失误的地方是：整个酒店的空间都试图营造一种很安静的氛围，但是却没有注意对声音的控制，缺乏一些软性的元素如地毯等来中和、柔化声波。除了这一点，其他方面我觉得还是蛮精彩的。既庄重，又有禅意，而且这种禅意不是特别的"苦"，而是比较"甜"，比较温馨的一种禅意，不像安藤忠雄作品的那种禅意那么拒人千里之外。

叶铮（泓叶设计咨询有限公司 设计总监）：我们设计师总是会从形式和视觉效果的角度考虑，但设计项目又总会被使用和功能所限定。璞丽酒店从设计到施工时间跨度是比较长的，我个人也比较关注这个项目。大的设计感觉还是很好的，喜欢的人也很多，但争议也比较多，不少酒店管理公司就不是很认同它的功能定位、功能与功能之间的连接关系，觉得其形式胜过了功能。据参与过该项目的一些施工方和供应商所说，设计师比较年轻，以前可能也没有太多酒店或大型项目的经验，所以在施工过程中功能划分、空间尺度等方面也是有过反复的。做好之后我进去看过，我觉得设计师对自己想要的感觉思路很清晰，这是很可贵的。他的手法也很统一，但是对于酒店专业的特质还把握不够。当然，这也是我的个人观点，毕竟对功能的定位也不是千篇一律的，每个管理团队和设计者会有自己的想法。璞丽定位在精品酒店，而现在所谓精品酒店到底是怎么样的也是众说纷纭。如果仅以形式上的特色就定位为精品酒店好像理由不足，而如果说它是

商务酒店，好像也有很多问题，比如会议厅的设置和规模就不太符合商务需要。超长的总台纯粹是一种视觉震撼，功能上好像不是很合理。原来大堂咖啡厅兼做休息区，不喝咖啡的人也可以坐在那里，而位子不多，想喝咖啡的人可能反而进不来，不知现在改了没有。不管是什么酒店，设计方有设计方的思路，管理方有管理方的思路。管理方的思路就体现在功能。一个酒店不可能所有功能一应俱全，而要知道自己需要怎样的功能搭配，要权衡各种功能的比重。我在这里好像没有感觉到这种清晰的思路。功能上的模棱两可，是业主的定位不清，也是设计师的问题，因为设计师有责任帮业主理清思路。

郭立平（上海黑泡泡建筑装饰设计公司副总经理）我觉得酒店作为一个功能空间还是不能只考虑视觉效果的。从功能角度出发，璞丽酒店的设计还是有些可以商榷的地方。比如空间中使用大量花格，很好看，但清洁起来比较不方便；还有大堂、客房、公共空间等各处的地板走上去声音比较响，会令人感到有点尴尬，也有点扰人。今天我们在这里开会，这么多人要到十五楼来，都要搭客用电梯，没有房卡就必须找服务人员来开电梯，也是不太方便。

朱永春（朱永春建筑设计有限公司 设计总监）：地域风格的空间界定，我觉得有显性和隐形两种。璞丽酒店的地域风格，我把它归为比较显性的东方风格。很多显性东方风格的设计容易做得符号化，流于泛滥，很难特别成功，这点上璞丽酒店做得还是值得赞扬的。刚才几位同行谈到了功能，有些功能方面可能需要长久体会和反复琢磨，当然有些也是明显能感受到的，比如刚才提到的声音、清洁、动线流程。我们是设计师，我们更容易本能地从设计观察的角度去看，而客人的视角可能不同。我曾经陪朋友来这里住过，了解到很多客人对酒店的视觉体验还是很欣赏的，但在行动、作息、饮食等方面就觉得并不如看上去那样让人放松。显性和隐性，往往与设计师的偏好有关。比如同在上海的柏悦酒店我觉得就是隐性的东方设计，它的色彩和含蓄程度都还是让人蛮舒服的。我们刚才谈形式与功能，尽管我们乐于跟业主讨论功能，但可能作为设计师我们本能地会把视觉效果作为第一出发点。我想如果我们在满足对视觉效果的显性需求的同时，从功能定位、客户需求角度出发去做一些更为隐性的思考，那就更可取了。

张文文（杭州富义仓设计中心 灯光设计总监）：我个人认为，一个好的设计作品，不仅仅是设计师一个人的力量，还需要好的业主、好的供应商、好的施工队伍。如果遇到好的业主，即使设计上有些缺点，业主也会修正或提出合理建议。璞丽酒店的设计我还是比较喜欢的，特别是软装设计部分为整个项目增色不少，只是灯光设计稍显欠缺，大堂还好，比如这个会议室里就差一些。作为设计师，能够对业主有帮助，把设计尽量控制到自己想要的感觉也就可以了。毕竟业主非常懂行的也不多，而施工质量基本上总是会有些小瑕疵。我的很多朋友，里面包括酒店的业主和管理者来看过住过，都比较满意璞丽酒店的氛围。对他们来说可能更看重这种感觉，因为他自己懂得协调功能，把握好总体概念的方向，他可以按照自己酒店的定位、地段、格局调整功能。

季良奇（新加坡亚洲艺术集团、米索（上海）艺术设计有限公司 董事长）：刚才很多同行都谈到功能，我觉得后场这部分的设计也很重要。大家能一起交流讨论下对酒店设计的不同看法还是很有意义的。璞丽酒店在设计、功能、布局方面上而言，目前在上海类似这样的酒店并不多，很多酒店投资方也都慕名而来。我自己也做过多次"导游"带业主来看过，总体上讲，璞丽酒店在氛围营造、特别是陈设设计方面我觉得还是比较成功的。

Camile Brunot（上海金螳螂环境设计研究有限公司 设计师）：我觉得璞丽酒店的设计很有意思，东方传统和西方现代两种风格很好地融合在一起。我谈谈我觉得比较特别的几个方面。一是颜色。这里的用色比较偏咖啡色系、木色系，与这种大空间很匹配。我是法国人，法国国土面积比较小，酒店规模一般也不是很大，用浅色系会更合适。另外我发现中国很多酒店特别喜欢用金色或者大理石之类的材料，做出一种金碧辉煌的感觉，我不是很喜欢。璞丽没有这样，这是我觉得聪明的地方。第二点是灯光。刚才有设计师说这个会议厅的灯光设计不是很好，我倒不这样认为。不一样的空间就应该用不一样的灯光，这里是开会的地方，灯光不应该太刺眼，也不能让人感觉困倦，现在的设计还是不错的。第三点是入口的设计。入口做成了隐藏式的，与喧闹的马路隔开，让人好像走进了另外一个世界。

姜峰（姜峰室内设计有限公司 设计总监）：应该说璞丽酒店还是比较成功的，深圳的一家开发商已经邀请璞丽的设计师到深圳做一个类似的酒店，听说武汉的开发商也有同样的意向。可能半年后全国都会有类似的酒店，说不定会让大家对这种风格有审美疲劳了。2006年我曾经在美国迈阿密见到过设计语言跟璞丽很相似的酒店，但在上海璞丽作为原创的起点还是有很多可取的地方。它没有做得很商业，而是融入了大量度假休闲的元素，把一个都市酒店做出了世外桃源般的感觉。这确实突破了人们的思维惯性，觉得出现在大上海闹市区的必然是一个奢华的商务酒店，没想到会是这么一个休闲的空间，这是它比较成功的地方。另外，璞丽酒店把东方元素和现代科技结合得很好，没有做成纯粹的复古，还是有很多诸如电脑灯、弱电、自动化之类的现代化的元素在里面。我要特别谈谈璞丽酒店的可借鉴性或者说它对今后酒店设计的影响。前面也提到有不少的跟风行为，显然它确实有一定影响。那么它是否代表一种方向？可能还不完全是这样。我觉得璞丽酒店还是一个个案，一个特例，它能跳出常规，突破人们的思维定势，但如果大量复制，其意义也就不存在了，而且也难以超越它。那么我们也面临怎样继承和发扬中国传统文化的问题，很多所谓"东方式"设计往往流于表面化、符号化，或者仅仅是正式摆设物品的陈列，我觉得我们设计师还可以创造更好的反映东方文化的手法。目前我们在设计上海东方文华酒店时也在做这种尝试，扬弃那些表面化的东西而试图通过现代的形式来传达一种东方的精神。

王传顺（上海现代建筑设计集团上海现代建筑装饰环境设计研究院有限公司 副总建筑师）：我觉得这个酒店的成功之处关键有两点：一是它在做功能；二是它在做文化。围绕这两点来做文章。在具体表现手法上，建筑和室内比较统一，而不是室内在土建基础上另起炉灶，可能室内设计进入得比较早，可以看出尺度方面和建筑很一致。软装与空间的结合也非常紧密，水乳交融，比如大堂的摆件和空间需求很匹配。整个设计看上去简约朴实，内涵还是很丰富的。正好可以联想到酒店名字的谐音：璞丽，因为质朴，所以美丽。

空间与意境

顾骏（上海同济室内设计工程有限公司 主任设计师、设计总监）：在座很多人可能都是做酒店设计的，而我是做办公空间设计的，所以今天也学到很多。发现朱永春居然可以细腻到把东方分成显性隐性，蛮让我惊讶的；而孙天文可以把禅意分出甜苦，我觉得他们看得确实很深。我个人虽然不做酒店设计，但是也住过不少酒店。功能姑且不论，璞丽酒店给我的感觉还是有点东方意境的。作为设计师，我比较关注它是如何体现东方意境的。总结下来有三点：一是"路径"很好，这是它很重要的设计语言，把人们从都市环境带入到一个完全不同的空间。柯布西耶的萨伏伊别墅就是这样，把一个寻常的路径设计得很复杂，强迫你去体验空间的变化。璞丽的入口，从城市到竹林再到水，把人的心境一下子转变过来了。二是虚实关系处理得很好，比如间隔和帘子之类，总是在虚实之间。三是意境营造手法比较高明，比如在三楼SPA里面的水盆，水不停地流下来但是盆子始终不会满，通过这么一个装置就传达出了很强的东方意蕴。总之还是有很多值得我们学习的地方。

刘珽（上海建筑装饰工程有限公司 设计总监）：我注意到最近不少业主愿意找一些非专门从事酒店设计的设计师来做项目，业主也很清楚他们可能对酒店的一些特殊功能要求不是很了解，但他们还是愿意尝试，希望这些设计师能带来一些新的突破。而这些设计师经验往往比较丰富，也愿意了解酒店设计的特质，于是两者的结合往往也会带来一些有震撼力的作品。璞丽酒店的成功可能主要体现在美学上，正如刚才几位设计师所说的，它很质朴，没有金碧辉煌、闪闪发光的东西，但却令人感到很轻松惬意。我觉得业主很清楚自己想要的意境是什么样的。璞丽酒店对设计风向的影响可能不仅体现在设计师方面，对业主也会有所启示，让他们意识到不是只有奢华一条路。

李璟（上海同济室内设计工程有限公司 设计主管）：我比较喜欢璞丽酒店的风格，不过它也确实有些功能上考虑不周的地方。比如地板，穿高跟鞋走在上面声音很响，这是会令客人感到尴尬和不便的。在用材方面，虽然是一个色系，但是层次感很不错。灯光方面的气氛营造也比较到位，总体而言气氛还是蛮好的。

孙天文：最近读原研哉的《设计中的设计》，里面谈到他把厕纸卷筒由圆形改为方形，这么一个小小的细节，我觉得非常棒。首先，圆筒拉起来过于顺畅，而方筒就会有停顿，这会节约用纸；另外，方筒也便于运输。我想设计师的初衷绝不是因为方形比圆形好看，而是出于功能上的考虑。我以前是很重视创意的，语不惊人死不休，现在我回过头来看，很多东西比形式更重要。我觉得作为一个设计师，形式是你应该把握住的，你理当做得好看，如果比外行做得还难看不如趁早改行。任何一种形式风格，东方也好，欧式也好，只要做好了都会效果很好。我现在更关注如何通过空间影响人的行为、情绪。我会很仔细地观察在不同氛围的空间中人们对同一件事物的不同应对方式，比如有些环境有钱就能来，而有些还必须有身份才能进入，人们在后面这类空间中的举止就会比较谨慎，不会很放肆。我发现有些做得很到位的欧式设计空间，中规中矩，没多少创意，

可是却有种贵族气,会让人不知不觉地行为庄重。环境与人之间的互动是非常微妙的,是最难把握的,也是令我特别感兴趣的。有一个项目我曾经效果图画了600稿,就是要找我这个微妙的度。我也在具体项目中试图把握这个度,包括去研究环境对人的心理的影响,但确实非常难。曾经跟一位业主聊到办公空间,我就半开玩笑地建议他如果空间足够大,最好做个二三十间不同风格的会议室。以我们这行为例,如果来客谈的项目是可做可不做,价格限制也非常死,就使用室内风格比较冰冷、有距离感的会议室;如果是很想接的项目,就使用空间气氛非常温暖亲切的会议室。这么多风格的会议室在一个空间里可能会产生不协调的问题,但我觉得这已经不重要了,重要的是空间能发挥作用。

叶铮:我们经常会拿一个"形"过来,浅层次的,只因为它漂亮,看似很有创意。我在学校里教书,发现四年级的学生特别喜欢模仿大师,问他为什么要这样,他说这个"腔调"像大师。这是他对"形"的看法。孙天文谈到他现在开始重读欧式,某个欧式的造型可能在历史上被重复了千百万次了,为什么还要用呢?用的不是这个"形",是通过这个"形"营造一种"场",一种感觉。我们做设计,第一注重视觉,但其实最终打动人的往往不是视觉,视觉会疲倦,打动人的是一种空间的情绪、氛围,说学究点可能是一种场所精神,一种空间的灵魂。在形式上创新固然很难,但我觉得设计师要做的,其实是视觉背后那个吸引人的东西,这个东西更难做。做设计确实需要有创意,但创意不是设计的最高层次。就像书法,字没有什么新字,但两三个字组合在一起,就是有种特别的味道。设计也是如此。把大家都熟悉的元素组合出新的感觉,这比表面上的创造力更来得高明。

程志平:感觉现在大家是谈到关键的问题了。我不是搞设计的,但我专门研究过艺术欣赏。我看到很多设计,只是简单地堆积材料。我们的室内设计,出发点是美学,但是美学层次有高低,那高层次从东方的审美观来看就是意境。璞丽酒店的设计我觉得是开始有一点意境的味道了。记得在日本看过几个室内,一进去立刻就感到世界突然平静下来了。设计师其实是应该关注意境而不是复制形式的。我参与过日建公司的一个办公空间设计项目,很简单,就是用了白色系烤漆铝板,业主不满意,觉得这里面没有设计,后来添了很多玻璃、不锈钢之类的材料上去。结果一个外企来定了其中九层,看了样板以后第一反应是,他们要的九层要改回日建的设计。其实日建之前就反复地解释过这个情况,办公楼就该是一个安静的让人工作的地方,用了不锈钢或玻璃,光线变化的

时候会感到很乱。这件事中就反映出一个问题:做设计到底要做什么?美到底美在哪里?我们中国设计现在比较落后,我觉得就是没有把握住这些关键的问题。我们说颜真卿的书法好,不是好在字的外形,而是字背后的从容与淡定。中国设计要想做好,我觉得还是要抓住形式背后的意境和精神。

叶铮:我要反过来说几句,可能今天提了太多精神的重要性,但是设计师要理解这些也是有一个过程的。孙天文如果没有那段走唯美路线的经历,可能也体会不到今天的地步。除了特别有天分有悟性的人以外,大部分设计师还是应该从物质的角度先契入,从研究"好看"开始,研究形式,把握形式,把形式运用到非常精彩的程度,然后一步步走上去。我把设计分为两个境界:设计唯物和设计唯心。我们是在充分掌握唯物的基础上,才能试图探到唯心的门槛。把造型、灯光、色彩、材料、构造、空间怎么运用好,这些都是手段,都是在唯物层面上,走向唯心也要通过这些手段。我曾看到过剑桥大学建筑学的研究生入学考试题目,首先是引用了一段话,说一个女孩很小的时候就喜欢趴在窗口看外面。外面是一个小镇,她能看到弯弯曲曲的石板路,层层叠叠的屋顶;到晚上灯火突然亮起,有马车突然驶过划破夜的宁静,而后又安静下去。她百看不厌,一直看了十八个春秋。故事到这里就结束了,然后出题目:描述一个你有记忆或体会的空间,可以通过文字、图片或任何手法表达。我觉得这个题目触及到了设计唯心很本质的部分。那个故事其实是激起你的联想,一个空间场景在幼小心灵中留下的诗意。你也有这种感觉,就会有交流。这其实是测试设计师未来发展的潜力。设计唯物是可以培养的,但设计唯心真的是要天分的。而有了天分,还是要经过设计唯物的训练,对物质的运用也是衡量专业水准高低的砝码。

顾云青(金晶科技股份有限公司 营销中心总经理助理):今天听大家聊了很多艺术设计的话题。在座各位的项目中可能都或有意识无意识地使用过我们金晶公司的产品,我们也很乐意把各位的优秀项目作为我们产品使用的成功案例。作为玻璃制造行业的执牛耳者,金晶公司历来非常支持设计领域的学术讨论和研究。我很赞同孙天文老师说的设计要明确其立意、诉求和出发点在哪里,那么功能的表述就必然涉及材料的堆砌。国内的设计教育对材料涉及得很少,刚才程老师提到中国设计落后,我觉得跟设计师知识面的狭窄也是分不开的。所以我们也希望能为设计师提供更多更好的材料领域的支持,为大家的精彩概念提供物质上的解决方案。

实录

让·努维尔的感官世界
THE HOTEL, LUCERNE, SWITZERLAND

撰　　文 ｜ 韦泰
资料提供 ｜ Design Hotels™

设　　计 ｜ 让·努维尔
地　　点 ｜ Sempacher Strasse 14 6002 Lucerne Switzerland

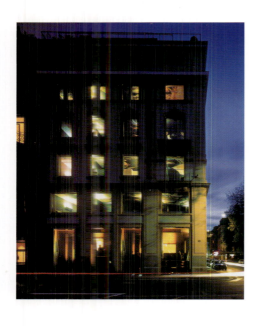

| 1 | 2 | 5 |
| 3 | 4 | 6 |

1　夜晚降临时，房间顶棚的画面就从窗户中透了出来
2　入口处也金属感十足
3-4　一层的酒吧区域里有很多努维尔设计的家具
5　餐厅位于地下，与一层连通，却也不压抑
6　吧台上使用了很多汉字作为装饰

　　距卢塞恩文化会议中心 (KKL) 几步之遥的街角，建于1957年的一座小型建筑被改造成了名为"The Hotel"的精品型酒店。这座7层建筑包括了25间客房、名为"The Lounge"的鸡尾酒区以及一间叫作"BamBou"的时髦小餐馆。与卢塞恩文化会议中心一样，这座小酒店亦出自让·努维尔之手。

　　酒店的名字不需花哨，设计师的大名已令它底气十足，"The Hotel"则暗示着除它之外，再无别的。努维尔曾加冕建筑界最高奖项——普利茨克建筑奖，一直坚持以法国现代主义精神，超越美国于媚俗建筑，他的一些想法被认为是离谱的，比如强迫电影与建筑结合，借用太阳光来点亮生食者的餐桌，但是他居然都成功了，这些在这个卢塞恩的酒店里都有表现。

　　当你入住其中时，你就会得到一种难忘的体验。努维尔设计这座酒店的初衷是为了激发人们自由驰骋的想象力，进入卢塞恩酒店的所有房间，你很快就能发现在顶棚上都有一幅栩栩如生的"壁画"。而这就是源于热衷于行为艺术的努维尔又一次大胆的尝试，他将他的空间艺术与艺术电影结合起来，将他所钟爱的阿尔莫多瓦、格里耶夫等人的作品投影到屋顶上去，创造出亦真亦幻惊心动魄的美。旅行者只需仰卧在床，就能获得最佳观赏角度，一幕幕图示式场景看起来就像是真的一样。每个客房的顶棚上的电影画面都不一样，比如那间有法斯宾德的《雾港水手》的一幕的房间，这部片子有不少蓝色调，努维尔为了要确保房间色调跟电影搭配，所以墙壁也是冷色调，从睡床到家具色调都很一致。

　　卢塞恩酒店的基底色调选择了黑色，看起来显得幽幽暗暗，有点像无穷无尽幽深的黑夜，这正是努维尔所刻意营造出来的效果，因为最为夺目的色彩部分，将由色彩专家阿兰·博尼来描绘，博尼是这方面的高手，他被认为是一个真正懂得在建筑上作画的人。他为每个房间创造出特别的混合色彩，配合努维尔对光源的独特运用，使每个房间看起来就像是步入了未来时代。

　　卢塞恩酒店还有一个妙处，就是它拥有一间非常时髦的小餐馆 BamBou，BamBou 这个词在瑞典语中代表竹子，它为食客们提供亚洲和法国风味混搭的新派美食。这些美味都是由著名的厨师特别烹饪的。这还不算，努维尔通过反光板，把街外的自然光线引入餐馆，这样人们在进餐的时候就可以很惬意地体会到卢塞恩典雅的城市气息了。END

实 录

| 1 | 2 | 3 4 5 |

1　努维尔将餐厅设置在地上，酒吧却位于一层入口处
2　设计师将街外的光引入室内
3-5　酒店以黑色为基调，家具颜色都非常现代，与空间和谐

107

实录

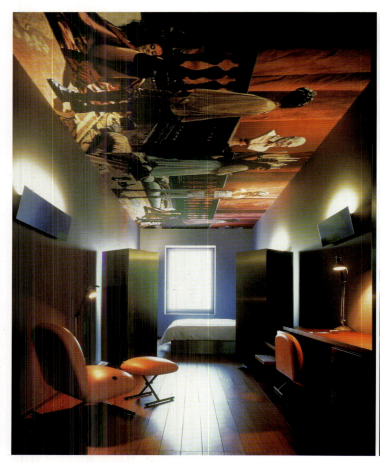

| 1 | 2 | 5 |
| 3 | 4 | |

1-5 房间的顶棚是这间酒店最具有特色的部分，努维尔将他钟爱的电影作品画面都投射在人们的头顶上空，创造出亦真亦幻惊心动魄的美

日内瓦湖畔的异域风情
LA RESERVE HOTEL&SPA, GENEVA

撰　文	乐博
资料提供	Design Hotels™

项目名称	La Reserve Hotel&Spa
地　点	301, oute de Lausanne,1293 Bellevue
建筑设计	Patrice Reyna
室内设计	Jacques Garcia

1-2 外立面
3 大堂的颜色非常瑰丽，鹦鹉与孔雀造型的装饰与灯具结合，非常有特点

对一座城市来说，一间好的酒店，就像是一个梦，一间真正的精神之屋。

位于法国与瑞士交界处的日内瓦无疑是浪漫的，有人用"一城山色半城湖"来形容这里的湖光山色。这里的湖水有着从骨子里透出的浪漫和宁静，具有丰盈的色彩。湖畔的La Reserve SPA酒店就是这么座能体现日内瓦湖畔精神的酒店，这座具有非洲狩猎场特色的酒店渗透出一种含蓄的奢华。改建后，成为了休闲的绝佳场所，而且正在快速成为欧洲最好的温泉胜地。

从静谧的La Reserve前往市区只要十分钟的船程，一到湖这边的码头，热闹的都市生活就一幕幕在眼前呈现：古老的老城门兀自伫立，依着城墙而建的是各个名牌店，人来人往，好不热闹。逛了一圈，再来到湖边，熙熙攘攘地挤满了在湖边游泳、晒太阳的人。同一片湖水，两岸竟是大相径庭。但La Reserve的气质却是不同的，漫步于酒店中，你会感受到一种轻微的粉红和淡蓝弥漫于凝滞的气氛中。

酒店包括85间客房，17间套房，大多数客房都拥有自己独立的庭院和阳台，酒店共有2个餐厅，包括一个酒吧和休闲吧，以及一个2000m²的温泉区域。法国知名室内设计师Jacques Garcia将这个始于1970年代的朴素老酒店拽入了一场色彩的奢华革命中，令人们从南美大草原风格到热带雨林风格进行切换。

著名思想家卢梭一直是日内瓦的骄傲，设计师则在该酒店的设计中融入了卢梭的伟大思想——回归自然。Jacques虽然在大堂空间中使用了许多奢华而瑰丽的颜色，却将鹦鹉、孔雀造型与灯饰结合，并反复出现在空间中。中餐厅与西餐厅都使用了浓墨重彩的设计手法，设计师在中餐厅内使用了浓重的深红色椅子与深色木质家具搭配，而在西餐厅内则使用了竹子的元素，这些金属色泽的竹子成为了西餐厅的顶棚，许多具有历史感的行李箱也被作为装饰点缀在空间中。

酒店的客房并不是以视觉上的豪华见长，柔软的天鹅绒床罩、黑色花岗岩以及红木的家具装饰令空间不显得紧张而正式，充满了度假的氛围。墙面上抽象图案的壁纸与客房内的软垫、座椅等予以呼应。酒店浴室材质采用了若隐若现的大理石与黑色圆滑的花岗岩相互结合，镶嵌在红褐色的桃花心木和钢架之中。殖民地的主题亦再次出现在客房的设计中，许多挂在墙上的老照片亦成为体现设计师思想的绝佳摆设。

1	4 5
2 3	6

1-3 餐厅内使用了竹子的元素,回归自然
4-6 中餐厅的用色非常大胆

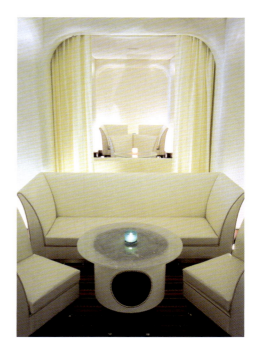

1	3	4	5
2	6	7	8

1-2　游泳池
3-5　与游泳池以及 SPA 区域相连的餐厅
6-8　客房

隐于市的"城堡"
CONTINENTALE HOTEL, FLORENCE, ITALY

| 撰　　文 | 常菁 |
| 资料提供 | Design hotels™ |

项目名称	CONTINENTALE HOTEL
设　　计	Michele Bönan
地　　点	Vicolo dell'Oro, 6 50123 Florence Italy

1　外立面
2-3　前台
4　可在内用餐的电梯餐厅
5　大堂局部

"小隐隐于野，大隐隐于市。"走过美丽的维奇奥桥（Ponte Vecchio），在一个宽敞明亮的院落中停下来，面前就是这间被称为"城堡"的Continentale酒店。在如今这个机场贵宾休息室比家还舒服的年代，你应该丝毫不会对由佛罗伦萨著名的Ferragamo家族所经营的酒店之一：Continentale所提供的服务如此完美而惊诧。

前台的各式饮品足以让你抛开矿泉水瓶，忘却在佛罗伦萨老街的种种考验。坐在临窗沙发上，你会发现自己被笼罩在各种颜色的柔和光线中，而透过玻璃窗可以俯视阿诺河，河流远看着午后的阳光，呈现多彩颜色。

酒店是意大利设计师Michele Bönan的杰作，这个偏好白色的意大利人先用温暖的光线令所有客人感到舒适放松，当你疲倦不安的头脑刚刚适应意大利的氛围而稍做歇息，他再把风格迥异的各式陈设一股脑地攒到了一起：白墙、灰地、样式简单的皮制家具、最佳照明角度的落地灯以及悬挂在屋顶的蛋形藤椅。与Ferragamo家族旗下其他酒店不同，Continentale并没有珍奇陈设和种种精致细节，纯粹、直接、实用是它独有的风格。关于前厅，还有一个有趣的事实，如果你足够细心，便会发现Continentale并没有悬挂着表示不同时区时间的钟表，在这里，钟表们化身为茶几散落在大厅的不同位置，酒店凭此设计劝诫人们：在这里，时间变得没有任何意义。

酒店从三层开始都是客房，43间客房依旧遵循着简洁、实用的设计风格，房间的布局以最大限度地获取托斯卡纳的阳光和阿诺河河水的迷人景致为原则。无论你的房间朝向如何，都能保证浴室有一扇面朝河水的门，而泛着幽光的白色浴缸会与之垂直，让我们能够在原本私密的空间中毫无影响地捕捉着佛罗伦萨的艺术气息。

如果想以更绝妙的角度来欣赏迷人景致，就去楼顶的Consorti Tower，这是一个露天的公共空间，自然的光线通过白色帐篷的空隙透进来，空旷的楼顶正是因为光线的存在而显得格外迷人，能够在这个安静而夺目的空间消磨午后的时光实属令人心驰神往的享受，当然你大可以找张舒服的椅子懒洋洋地坐下来，哪怕就仅仅是发呆，啥也不想，啥也不做，忘记时间的意义，现在就是永久，就是一切。

或者，就算行程安排得再满，也要空出时间在酒店二层的餐厅享用充满亚平宁风情的早餐，在这里，设计师Michele Bönan又给我们留下了一个惊喜：丹麦设计师Arne Jacobsen的桌子和Michele偏爱的粉色椅子自成一套，给本该纯粹简单的意式阳光早餐增添令人迷惑的猜想。

在Continentale，很少能见到手持旅行指南、肩挎照相机的游客进进出出，这里的大部分住客总是带着宁静与安逸的神情，与酒店外的人潮汹涌形成了鲜明的对比，这也是我喜欢称其为"城堡"的原因，似乎有一道高大的隐型城墙把匆忙的行程、时间的流逝阻挡在外，而身处其中的人们才能够以自己的节奏惬意地享受悠久的时光。

1-2 钟作为装饰元素遍布整个酒店
3 床吧
4-5 餐厅

1-3 顶层天台
4-6 客房

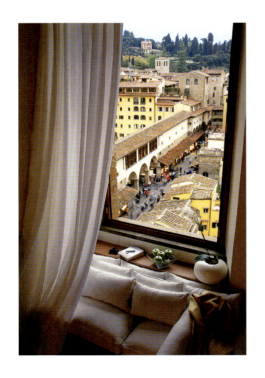

实录

黑白浪漫
LEON'S PLACE HOTEL, ROMA, ITALY

撰　　文	萱晓
资料提供	Design Hotels™
项目名称	罗马Leon's Palace酒店
设　　计	Alvin Grassi
地　　点	Via XX Settembre 90/94 00187 Rome Italy

有一抹似乎是钻石的光泽流溢在黑白世界的尽头,而鲜艳的光是钻石的不同棱面随着光线和角度的调整而变化,或者艳红,或是海蓝,或者翠绿。过了一串数米长以瀑布姿态倾泻而下的水晶吊灯,就是酒店大堂的酒吧。如果说酒店大堂的黑白是一件铂金戒指,那么戒指的末端就是一颗让人倾心的钻石。酒吧的肤色依然延续了酒店的黑色准则,黑色的革质高脚吧椅,吧台后的黑色木质酒柜以及把所有艳丽光泽尽收心里的黑色玻璃吧台面,在隐身的灯光中产生出美丽的幻觉效果。这所有的一切都仿佛是天使让暗夜变光芒的能力。喜爱经典黑白设计的人,来到此处就如同坠入了魂牵梦绕的地方。没错,在罗马Leon's酒店就是这样的感觉。当至高无上的天使为你带来这一抹温柔又怎能拒绝呢?

整个酒店经典的黑白组合,即便是那打磨得极为光亮的大理石地面,也是黑白相间。可以给人素雅感觉的同时,堪比香奈尔的高级时装。在设计师Alvin Grass手下,黑白成为一种性感的艳丽作品。他说,我来自时尚工业。也因此Leon's Palace酒店是他的一件时尚作品。大堂的上空是一扇天窗,和阳光一起洒下的是一朵花蕾状的巨大水晶吊灯。而最奇妙的是吊灯中垂吊下来的那座黑色秋千,这当然是一件极富情调的摆设,但它确实也是可以放心坐上去的秋千。黑色仿兽皮沙发会用那长长的毛发隔着裤子搔痒。与之对应的是正面那大气的光滑皮质黑色沙发,似乎在显示着王与臣的不同地位。有4盏由无数个金属片串成的台灯,细看那些在灯光下泛光的方形,每片上都雕刻着Paris,那一刻,是罗马的雅致和巴黎的烂漫毫无保留地结合。

房间不是特别的大,这点和欧洲的其他城市致命地一致。设计师Alvin Grassi很巧妙地运用了镜子的作用。斜靠在大床一边的是黑框的落地镜子,而电视也用黑色木框装点得像一件艺术品。18世纪盛行的涡形脚桌子很纤巧地靠在墙面,桌面有如钢琴琴面的质地,洋溢着罗马的高贵。而设计师显然有意把黑色进行到底,连一向是白色的棉质拖鞋,床头柜上的铅笔也是一律的黑色,甚至是床两边的黑色灯罩。黑色的床架也是涡形脚,木质床架内侧还包着一圈皮质方框用来遮盖床绷。床头靠墙是类似屏风的褐色床头背,贴着整面的格子落地镜子。就连窗帘也是浅灰色的,但整个空间却让人惊奇而不至于压抑。也许是因为客房的整面落地玻璃墙,或者是那张很舒适的贵妃沙发,一种散发着罗马式的慵懒情调。■

1-2 黑白是空间的主色调,但大理石与水晶等华贵材质令空间很浪漫
3 前台

1		4	5
			6
2	3	7	8
			9

1-4 酒吧区域充斥了黑色特质，在隐身的灯光中产生出美丽的幻觉效果
5-6 客房走道
7-9 房间

实录

来自蔚蓝海岸的阳光酒店
HOTEL SEZZ SAINT-TROPEZ

| 撰 文 | 叮当 |
| 资料提供 | Design Hotels™ |

地 址	Route Des Salins 83990 Saint Tropez France
建筑设计	29 Via Manzoni 20121, Milan, Italy
室内设计	Chritophe Pillet

今年夏天，坐落于法国圣特罗佩城的Sezz Saint-Tropez酒店正式开幕。这是设计师Chritophe Pillet与酒店管理者Shahe Kalaidjian最新的创意成品。在一家3星级酒店的旧址上，建筑师Jean Jacque Ory筑起了这家典雅优美的酒店。

在此之前，巴黎就已开设了一家Sezz酒店，相对多个充满艺术感与都市感的酒店而言，这家位于圣特罗佩城的酒店更加贴近自然，仿佛是由空气和阳光组成的。一点也不夸张，海水的气息，以及阵阵的暖风，让入住客人的每一个感官，都沉浸在"假期"的自由惬意中。

酒店采用了大量的玻璃墙和大型窗户，营造出宽阔的空间感。Pillet别具一格的设计风格，显而易见于酒店的每一个角落，尤其是Pillet亲自设计充满时尚与未来感的家具。酒店的公共空间，延伸自一个宽敞的大厅，直至Dom Perignon酒吧和Colette餐厅。在世界知名大厨Pierre Gagnaire的领导下，当地的地中海食材变化出崇尚简约风格的一道道美食。

苍翠繁茂的花园让Sezz Saint-Tropez处处充斥着温暖、舒适的感觉。酒店的37间客房、套房或别墅，每一间备有专属私人阳台，通向泳池或私人公园，确保住客享有最大的隐私。酒店与Payot联合发展的Spa，大量采用了天然材料如古木、美国核桃木及结实橡木等来打造自然风格。一边凝望仿佛无止境的迷人绿色景致，一边沉醉于舒缓身心的疗法，绝对是人生极致的享受。 END

1	3	4
		5
2	6	7 8

1　有着酒店标志的围墙
2　露天的游泳池一直是海滩边度假酒店的标配
3-6　户外露天餐厅并没有太多设计的细节，但轻松惬意的氛围却受到许多人的喜爱
7-8　许多源自自然的元素都渗透到了空间之中

| 1 | 2 | | 5 | 6 | 7 |
| 3 | 4 | | 8 | | |

1-4 餐厅
5-8 客房

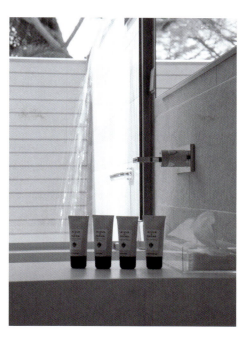

雅典在左，卫城在右

撰文｜一方
摄影｜Telligent

雅典位于巴尔干半岛南端的阿蒂卡平原，山海掩映，日丽港碟，是希腊最大的城市。彬彬有礼的人民，碧海蓝天的古城让每个到过雅典的人精神气爽。雅典是个飘动的神话，是尘世间每一个行者精神与物质理想的栖息地。坠满果实的橄榄树，淡淡飘香，从宙斯的奥林匹亚山到米诺斯谏言到伯利克里执政的殿堂，整个雅典沉浸在橄榄树的精神包围之中，且行且唱的荷马亦曾在这样的味道中尽情陶醉于一片宁静与忧伤，为奥德修斯找到了回归之路，千里跟随，望眼欲穿。走过数千里，他们依然是芳格拉底、柏拉图的后裔，他们以雅典娜的名义在自己的思想国中经营着自由的心、睿智的精神、丰满的文化，并与爱琴海的水天相接。

卫城在哪里呢

第一站，卫城！

卫是高的意思，卫城其实是古希腊时期皇帝和贵族住的地方，建在山头上。雅典建筑普遍低矮，所以在城市的任何角落、一抬头就能望见卫城。其实整个希腊都是山峦起伏，并不是一马平川，交通并不是很便利。

上卫城的清晨烟雨蒙蒙，小心翼翼地踩过每一级石阶，到了！禁声驻足，就这么走进了几千年的时光隧道……露天剧场就坐落在卫城山南坡，看台和舞台全部用白色大理石铺建，雅尼著名的卫城音乐会就曾在这里举行。站在卫城山上能俯瞰大半个雅典城，宙斯神庙的几根高大石柱在东南面不远处，远近坐落着拜占廷式的小教堂，白壁、穹顶、红瓦。看惯了高大尖顶的哥特式和华丽铺张的巴洛克，觉得这小教堂朴实亲切，明快清新，可爱谦逊，一如希腊人的性格。

一种精神是神殿

好比一颗蒙尘的明珠，遮不住的内秀。卫城2小时就逛完了，剩下的就是慢慢瞻仰先人的遗迹。

由于不收门票，也不知哪里是入口。哈德良拱门就坐落在大马路边上，是罗马时代的凯旋门。而其正后方有15根擎天长柱和一根倒掉的柱子，就是著名的宙斯奥林匹亚神殿遗址。宙斯是希腊的玉皇大帝，为表崇拜而兴建的宙斯神像是当时最大的室内雕像，也是世界8大奇迹之一。这个曾经有104根美丽的科林斯式列柱的宙斯神殿，目前只剩下15根柱子，成为凌乱、荒草蔓蔓的废墟。

远远就看到了著名的帕提农神庙，里面供的是雅典娜。帕提农神庙是卫城的主体建筑，其他神庙算是众星捧月。它频繁出现于画册封面和明信片上。断断续续修补了20多年依然到处都是脚手架。神殿是希腊人追求理性美的极致表现，例如柱身看来等宽，其实是中间略粗，以矫正人类视觉的错觉，又如柱子看来都是垂直的，其实不然，越外围的柱子往往中间倾斜等，而且处处都是数学上黄金分割比例造成的建筑结果，是多立克式建筑中的最高杰作。

周围有可容纳6000多人的户外剧场阿迪库斯音乐厅，当年雅尼卫城音乐会就在这里举办。再迁回上行是山门，这才算卫城的真正入口。左边是伊瑞克提翁神殿，这座神殿最出名的是南侧廊台的六尊女像柱，就是照片上经常看到的，不过并非真品，由于空气污染，由复制品取代。真品在其后的卫城博物馆看到四根，存于氮气箱内。

考古博物馆是雅典二十多所博物馆中最大、也是收藏最丰富的。门口也没有讲解的耳机出租或解说员，展品多是古希腊神话里的诸神。工作人员都是年轻人，和雕塑的相貌还有些像。雕像多半有残缺，一方面由于岁月风化，也由于改朝换代。看到了还未修复的文物，那些青铜、石像经过海水腐蚀，布满了恶心的洞，全靠修复和我们带着艺术、理想、梦幻的眼光去看，才能发现真谛。

在卫城可以看到整个雅典城，没有一幢高楼，还可以清楚地看到远处的宙斯奥林匹亚神殿的几根柱子和神殿。其实遗迹就是那样，远了看有壮观的感觉，近看伤痕就出来了……

生活在雅典

雅典市区很小，景点也集中，基本上走着就行。雅典都是单行道，去市中心可以乘坐X95巴士。车费2.9欧元一位，雅典的车子必须在车站买票，上车在机器上打上日期和时间，地铁也是，没有栅栏，只有打票机，必须打上时间，否则和没票一样。雅典的地铁倒是蛮新的，估计是为了奥运会建的。司机很幽默，"终点站到了，世界的中心"，原来是市中心宪法广场到了，有些破旧了，正好看到议会大厦无名战士纪念碑前换岗，但希腊人还是蛮自豪的。

首都雅典的生活是蓝宝石的颜色，夜晚的星空是深蓝的眼睛。卫城就是眼睛里最璀璨的星。历史的文明在夜晚多了一分让人思考的情绪。热情好客的雅典人个个都是史学家，向你讲述这座城市的沧桑历史。大街小巷可以听到悠扬的琴声与深情的吟唱，好像歌者是在与一位先哲做着心灵的交流。生活在雅典是幸福而奢侈的。

宁静天堂普拉卡

因为是淡季来，这边的酒店都还不错，不像欧洲其他地方酒店那么小而局促。卫城山下的普拉卡，是雅典历史最悠久的城区。寻着咖啡的香味，走在只有两条巷街的普拉卡是惬意的。倦了，咖啡馆是消磨时光的好地方。不管在什么季节，点点小酒，嚼点小菜，让自己感受一下希腊人的日子。坐着要要在树荫下，这里是一个和咖啡美好约会的地方。看一张雅典新闻报，因为看不懂，分心的看看来往人群……希腊的一种特色菜—masaka，其实就是千层饼，里面有茄子、奶酪和肉等。希腊的猫深谙与游客相处之道，干净而温顺，守在用餐者的脚边用眼神与你交流，让人一见之下心生怜惜。任何食物她都来者不拒，是以落得这样的身材。

普拉卡是街头艺人的天堂。各式各样的人群，千奇百怪的艺术。手风琴声悠扬，演奏者的表情却总是那么忧伤。普拉卡早已不是波希米亚风格社区了。那些曾经在街头卖画的艺人现在有了自己的画廊，那些曾经在酒吧献唱的歌手现在全世界开着场场爆满的演唱会，那些工薪阶层的小饭馆变得有情调了。

独立王国爱琴海

按离雅典的远近，分别是盛产开心果的艾伊娜岛、摄影爱好者钟情的波罗斯岛、戴妃生前最爱的小岛伊兹拉岛。艾伊娜岛是其中最大的一个，有座古希腊神殿的遗迹。

都说爱琴海是丘比特的故乡，是爱情的不老泉。两个人去爱琴海，一定要去米克诺斯的天体浴场，在那里不用担心别人会偷窥你们的行径，只有柔细的沙滩，清澈的海水，温暖的阳光相伴。两个人手挽手的，在夕阳下的桑托里尼，在蓝白色的米克诺斯，在古城堡般的罗德岛……

腌制凤尾鱼和香醇的希腊饭后酒是我庆祝逃离城市喧嚣的方式。斯尼旺神殿就坐落于一座面朝大海的小山头。它是为纪念海王波塞冬修建的，也是古雅典文明最后的见证，雅典人把他当作路标，甚至在今天，当我坐轮渡去其他小岛的时候，不到我看不到这座神殿就不算我正式的离开了雅典。

TIPS

交通：

雅典机场分西机场和东机场，西机场为希腊奥林匹亚航空公司专用，东机场为其他航空公司使用。从机场到雅典市区有090及091快速巴士通往宪法广场或靠近欧摩尼亚广场的Stadiou街。建议使用公共交通。

从雅典飞往桑托里尼约50分钟，机场离岛上最大城Fira 7km。

希腊购物：

金银珠宝是雅典的特色产品，具有独特希腊风格。大都是当地工匠手工制作。白银镶嵌品和珐琅首饰多日Loannina和Epiros出产。在Syrtagma和Kolonaki珠宝店，可见博物馆复制品。

购物区域：

波卡拉纪念品便宜，但不很精致。蒙纳斯提立奇广场地铁站附近，阿哥拉以北区域，每个周日早会有露天跳蚤市场。

值得购买：

希腊的羊皮非常有名，皮革货真价实。

虽然是法国将葡萄酒发扬广大，但来到葡萄酒的发源地克里特岛，你千万不要错过。而最有名的烈酒Quzo酒是由葡萄酒加香料提炼成的，浓度达40%也值得尝试。

爱琴海是天然海绵的故乡，天然海绵橄榄油香皂值得购买。

其他还有香膏盒、忘忧珠、恶眼、曼陀铃、蜂蜜及香料等。难带的有陶瓷、地毯。

很多商店周一、三、六15点关门，周日全天关门。

看日落：

桑托里尼岛上Fira城的火山断崖坡上，咖啡馆、餐厅依断崖而建。

需要注意：

岛上人有午休习惯,14点至17点为休息时间。

夏天晚上出去也得穿上薄衣服以抵挡海风。

大部分考古遗迹或博物馆在15点关门。

希腊缺淡水，出门自备水。

雅典搭乘地铁到郊外的比雷埃斯港，从这里可前往米可诺斯岛、仙度云尼岛和罗德岛。有几十家船公司可供选择，快船30欧元。

海岛上住宿困难，建议提前预定。

希腊标准电流为230伏交流电(50赫兹)，比北京时间晚6个小时。

感悟

撞墙

撰文 | 张晓莹

明星聚会，不撞衫是不正常的。比如在《有时跳舞》的首映礼上，李嘉欣同舒淇就同场穿上Gucci的羊仔皮通花上衫。更为夸张的是2008年6位影星竟然在同一时间内撞衫同一裙装款式，创造这个神话的设计师就是有英格兰"坏男孩"之称的Alexander McQueen，他最著名的设计即是性感又晦涩阴暗的浪漫主义服装。可惜前不久，皇后同志耐不住寂寞，自绝于粉丝，六亲撞衫成大传说。但这也恰恰说明，广为坊间关注的的撞衫花絮，与设计师有极大关系。所以当女星Sarah Jessica Parker发现自己在电影《欲望都市》纽约首映礼上身着的银色曳地晚装，与名媛Lauren Santo Domingo在纽约大都会艺术博物馆时装学院慈善晚会上的着装，以及另一女星在迪斯尼系列广告中的行头连续撞衫后，痛斥设计师Nina Ricci和设计师Olivier Theyskens。

其实设计师日子也不好过。就像Alexander McQueen，酷酷的造型，贴头半寸短发加修颊须，一撮众生中熠熠闪亮。但是一旦在设计师聚集之地，则黯然无比，不是撞头，便是撞须。前几年更甚，长发飘飘破洞闪闪，直奇装撞到艺术家的行头上去，逼得艺术家们纷纷剃了光头。

设计师的工作，一直在业主要求和设计创意上寻找平衡点。满足业主要求固然是好的，但委托人对方案的取舍，就像欣赏老婆的标准一样，总是别人的更好些。模方已经呈现的案例总是被青睐，以前没有见过的总是最难评的。

所以感谢奇异建筑，让坊间认同了创意和识别性的价值，当然更多了些鸟巢鸭方盒重重的事情。估计等到扎哈的歌剧院和矶崎新的喜马拉雅中心落成，至少又可以撞曲曲线，当然世博会后，就有更多可以撞的了。

我们在一个自治区省市承接了一个商业文化街道和民居改造组合的项目，正琢磨着少数民族的地域文化和生活方式，甲方领导直接做出了指示，就照你们那宽窄巷子支矶石街做就可以了，看看那种人气，绝对不会错。现代化城市建设已经让城市同质化，莫非城市特色也要撞别家的？

一个设计师朋友手上同时有一个新古典居住空间和一个现代风格办公空间，两个业主居然不约而同要求设计一面香格里拉大酒店的背景墙，盖因该墙面代表了国际化和高品位。我小心翼翼提醒他这有撞墙的趋势，结果他说，现在每天纠结这两面墙，纠结到高潮处，恨不得自己去撞墙。END

玄关

撰文 | 陈卫新

"玄关"一词在《辞海》里是这样解释的：一云，佛教的所谓入道之门；再云，居室或寺庙的外门。我想这玄关一词，本就是佛教中来的，这第二种解释也只是第一种意思具象的延伸。

岑参《丘中春卧寄五子》诗云：田中开白室，林下闭玄关。我家的玄关在哪里呢？

老家的宅子前后三进，有大小不同的三个院子。这前院是一个不算窄的"通道"，左边是邻居家的山墙，右边是我家的山墙，尽头是一面照壁，在照壁旁边是一腰门，进入腰门才是大院。这样的安排在当地并不多见。有清人钱泳言，"造房之工，当以扬州为第一，如作文之有变换，无雷同，虽数间小筑，必使其窗轩豁，曲折得宜，此苏杭之工匠之断断不能也。"每每读此句，每每有所得。这前院通道约有3m宽，中间部分铺一色青砖，都是立着铺的，即使长了些青苔，也不打滑。两旁都是泥土的花圃，长了些不出名的花草，最多的是鸡冠花，一簇簇的，很是热闹。这大体跟我外公有关，因他只是个小本经营的布店老板，又生得七八个子女，生活之艰辛是不会让他有那许多的闲适之情。又不忍让这院子寂寞，就长了这许多红艳艳的肥硕的鸡冠花，添了这"无限风情"。有女客来访的时候，或许还添了"行列中庭数花朵，蜻蜓飞上玉搔头"的佳事呢。接近院门的地方，有一棵石榴树。树不大，结果甚多，每年开得一树好花。有客前来，一进门就见得其色，心中想必也会畅然许多。

再沿着青色砖路前行，便是照壁，虽不是雕龙刻凤，却也颇有形态，飞檐、瓦当、白粉墙，一一齐全。行至此处，才能看见旁边的腰门。仿佛扬州个园的四季转换，可谓"暗藏玄机"了。这时客人便想整整衣冠，进入大院了。值得一提的是院门上的飞檐顶。除却青砖、青瓦以外，立柱之间还有些雕花的木刻。因年代久远，已有多处破损，内容也无甚特别之处，不外乎"五子登科"、"踏雪访梅"一类的故事。

这些便是我家的院门，或许也就是我家的玄关。

那么，玄关到底是什么？我想，除却《辞海》里的意思以外，还应该再延伸个意义，就是"过渡"，或指空间，或指心境。

现在，住在城市的高楼里，要说玄关，也就是一鞋柜了。换了鞋，换个心情。如此而已。END

斯蒂文·霍尔：
无以山寨的精神

撰文 | 曹禹

对于霍尔闻名已久，但整天忙于生计，并没有像学生时代那样，对大师高山仰止，敬畏地研究他们的作品和言行。上半年去北京，同事引我去参观一个楼盘，也不知是哪里，下了车一瞥旁边的窗台，真是惊鸿一瞥。幕墙3mm厚的铝板，表面经喷砂处理，去除了眩光，增加了密度，柔和而有力量。窗台挑口20mm的处理，从容而又细腻，充分展现金属的质感。建筑师对于金属的认识，就像路易斯·康对于砖的认识那样，透彻而舒朗。忙问到了哪里，方知是斯蒂文·霍尔设计的当代MOMA。

当代MOMA整个建筑群由8幢住宅和一座酒店组成，9栋建筑相对封闭，又互相开放，钻石型的电影院围合在其中。电影院对外开放，下面还有一个小书店。地面层可以通过公共的通道，连接起周围的商店、学校、幼儿园和电影院；电影院周围是一个大型的水池。在中层，设有公共的屋顶花园。在12~18层设有多功能的空中天桥，内有游泳池、健身室、咖啡馆、画廊、礼堂和小型沙龙。环状的空中天桥将8幢住宅楼和酒店连接起来，实现了楼与楼之间的水平联系。这些楼与楼之间的空中天桥，都是半透明的玻璃体，透过它游人可以鸟瞰周围城市的风景，而下面的人也可仰望天桥，想象半空中的画廊、阅览室、餐厅和俱乐部。公寓套间的室内设计同样充满想像，没有固定的门、墙，移动式的门板和墙板随时都可以打开、合起，居民可随心所欲地改变空间格局，营造出一种自由、灵活、流动的空间。不仅空间设计充满激情，当代MOMA更是建筑理性的成功，理性地应对当地具体气候环境，理性地选择合适的技术手段和建筑材料，理性地分配建筑投资，保证建筑健康、舒适与节能的基本要求。

健康、舒适环境不仅是每一个人的生活目标，也是我们社会倡导的方向。我们的建筑需要拿来，也需要去殖民化的独立精神。在有限的资源条件下，需要提倡理性建造，拒绝华而不实。目前我们很多开发商依然选择高耗能低舒适、亚健康环境的所谓豪宅，这也反映了不少建筑存在的非理性倾向：重外表而不重实质；关注豪华的外饰面、内装修，忽视健康、舒适、节能的内容。建筑成本应该包括建造成本和使用成本两个方面。建筑使用年限很长，一般50年以上，所以使用成本要占总成本70%，而建造成本却只占30%左右。目前能耗费用飞涨，使用成本占总成本的比重正不断增长。所以提高建筑质量，降低建筑能耗显得尤为紧迫。

斯蒂文·霍尔的当代MOMA为我们恰如其分地树立了一个榜样：健康、舒适、节能。他的作品承载了他的想像和感情，他的感性建立在他的理性之上。霍尔认真思考建筑和建筑师面临的各种问题和社会责任，正是这种认识，使霍尔的作品美仑美奂，令人感动。

人是要有一点精神的，建筑也需要一种精神，一种奋发向上的精神。谢谢您，斯蒂文·霍尔！每当我遇到困难，对建筑师的职业产生怀疑的时候，就会想到当代MOMA，触摸您的思想，感受您隽永的建筑，会让我找回自信，拥有建筑师的豪迈。 END

过于喧嚣的孤独

撰文 | 赵周

近来听好几个国内国外、著名非著名的设计师都谈到在做项目时致力于增加公共空间的面积，一方面觉得有道理，一方面又觉得有哪里不对劲。

大家都在说现代人的孤独、被物化。人们每天与无生命的电脑屏幕、电视屏幕以及各种机械、器物打交道，人与人、人与自然之间越来越缺乏交流，所以设计师们希望给人们提供更多可以面对面相互交流的空间。可是，让人困惑的是，如果不是特定的时代、特定的社会生活方式、文化氛围，单单因为没有公共空间就能造成人的冷漠孤独吗？难道建了广场人们就会集会？建了宽大的阶梯人们就会坐在上头聊天？曾经陌生人在田间地头、闾巷通衢也能寒暄问讯，聚集的人多了，自然而然才有了公共场所，并没有特别等谁来设计建造。

其实，在中国的很多大城市里，有时候会觉得缺的不是公共空间，而是私人空间。只要离开家门，扑面而来的是拥挤到爆的地铁、公交或拥堵的车道，然后便是人来人往的办公楼，如果要在外面用餐，还要面对人声鼎沸的餐馆……想在外滩看看落日江景？无论站哪儿都挡着别人拍照；想在新天地静静感怀一会儿时光流逝，早让来往不绝的游人晃花了眼。或许只有最懂门道的"城市老鼠"才能在某个犄角旮旯找到一小块能一个人静静想点心事的地方。在最顶级的拥挤和喧嚣中，是最彻底的孤独。很多时候，不是没有空间，而是没有某种空间氛围，才会让人们心生戒备，拒绝与他人交流。而创造空间氛围，对于设计师们来说，似乎永远是件比创造空间难度高得多的事情。

话说回来，多些公共空间当然也没什么不好，可是若能多些"公共关怀"可能会更好。记得前阵子上海的公车站点改造翻修，新的休息长椅略有弧度且倾斜。原来我一直以为这是某种新研究出来的符合人体工学的造型，可是坐上去又十分不舒服，容易向下滑，百思不得其解。后来偶然听人说起，据说是为了防止流浪的人将其当床躺而特别设计的"躺不住"造型。如果实情当真如此，实在令人有点发寒。在欧洲很多城市，无论大街小巷，隔不多远往往就会有长椅供人休息，晚间也有流浪汉借此暂得一夜安眠——何必一定要赶他睡在冰冷的地上才罢休？如果这些心思多用点在城市建筑节能防火上，不知有多少悲剧就可能得以避免呢。 END

场外

曾群

1989年	同济大学建筑系，获工学学士学位
1993年	同济大学建筑系，获建筑学硕士学位
1989年今	同济大学建筑设计研究院工作，现为副院长、设计一所所长、南昌分院院长、教授级高级建筑师、国家一级注册建筑师、同济大学建筑城规学院硕士生导师
1999年	美国洛杉矶RTKL事务所工作
2004年	2004年度上海市建设功臣
2005年	第二届上海青年建筑师新秀奖金奖
2009年	2009年度上海市建设功臣

代表作品：
2010年上海世博会主题馆
钓鱼台国宾馆芳菲苑
中国银联上海信息处理中心
中国电信通信指挥中心
中国移动通信指挥中心
中国科技大学基础科学教学中心
交通银行数据处理中心（上海）
江西省艺术中心
东莞展示中心
同济大学电子信息学院
中国银联培训中心及客服中心
上海市公安局刑事侦查技术大楼
惠州市文化艺术中心
惠州市科技馆博物馆
南昌大学前湖校区艺术与设计学院

曾群：生活在大院

撰文 | 徐明怡
摄影 | Vivian

有人说，中国是个越来越开放的设计市场，"大院"时代已经过去。

但事实是，许多个性建筑师赚足了眼球，但实实在在的市场却与其错位，根基深厚的国有建筑设计院仍是目前市场的真正主角。

曾群就是这么个生活在"大院"的人，而且是个标准的"老同济"。他1968年出生在江西南三一个文化气氛浓厚的家庭，1985年以全县第二名的成绩，考入上海同济大学建筑系，1989年考入同系硕士研究生，拜建筑界名师卢济威为师，同时进入同济大学建筑设计研究院工作。

这位同济大学建筑设计研究院副院长，自从成为2010年上海世博会主题馆的总设计师后，就让其就职单位——同济大学建筑设计研究院由衷骄傲和自豪。而院里出门汇报介绍设计院概况时，总会抖搂出曾群的大作——世博会主题馆，当然，还有去年刚获得了建国60周年创作大奖的钓鱼台国宾馆芳菲苑。

冲突，是个难以回避的问题。面对这样的重点项目，如何在兼顾各方关系的同时，坚持自己的设计原则，并为中国当代建筑的现代性寻找出路？其实，大而言之，当下的中国建筑师，在东方身份和全球化语境下，谁人不面临着宏观意义上的身份冲突？只是，像曾群这样的被摆在了最前面。

曾群很聪明，他的作品里就蕴藏着这样一条解决冲突的线索。曾群平和地笑着说自己是个戴着镣铐的舞者，因为"先锋建筑师们可以完全自我、完全自由的创作，而'大院'的项目规模都非常大，我们除了要兼顾设计作品的功能和自身的内在秩序这样的基本原则外，还会受到种种的局限。"

但曾群却乐意去做个不自由的舞者，他觉得这更加有挑战性。芳菲苑与主题馆都并不突兀而炫目，却内涵丰富。在对比琢磨了20多种方案后，曾群和他的团队最终从上海特有的"石库门"建筑群屋面所形成的城市肌理中汲取了灵感，将这种典型的上海城市特有的场景赋予了主题馆，这种内敛、精致而自律的特质正契合上海整座城市的文化，正如他在自己的"开明建筑"一文中提到的，"希望这种来自情感和记忆内心的感受赋予建筑本身更多意义和内涵"。三角形、老虎窗、石库门山墙被巧妙地融入整座建筑的设计语言中，在"第五立面"——屋顶体现得更为淋漓尽致。三角形与太阳能板形式的完美结合形成了极富情趣的老城厢屋顶效果，而其反映的又是真正的科技与环保内涵。

芳菲苑是一个传统样式和现代特色结合的建筑物，这个项目最大难点就在于形式的选择，因为这是一个有着敏感历史的敏感地方。比如屋顶，国宾馆本来考虑保留本来的老式屋顶，但曾群设计了一个脱胎于唐风，而又十分现代的形式，既反映了泱泱大国的文化底蕴，也包含了21世纪的现代文明特色。最后，国宾馆同意了这个方案。这个项目获得了诸多的赞誉，如我国建筑创作的最高荣誉——第三届中国建筑学会建筑创作优秀奖，建国60周年经典建筑优秀奖、2003年教育部优秀建筑设计一等奖等。

与曾群的谈话中，一直电话不断，趁他空闲时，我问了他一个老生常谈的问题——你的设计原则与业主产生矛盾时，你会怎么处理？曾群淡淡地笑了。这其实对他并不是个问题。翻开他的作品集，除了芳菲苑与世博会主题馆这样的国家大型项目外，其他的作品大多是银行总部大楼等的大型项目。究其原因时，曾群也仅以"口碑相传"将其一言蔽之。

换句话说，曾群是个擅长从社会中学东西的人，他很会适应现实。而通常纠缠于建筑师最多的甲方问题，在他看来，都不是问题。其实，建筑师在设计以外，还要学懂更多的事情。

曾群原本是一所的所长，如今又被院里提拔为副院长，而让这样一个正值盛年的优秀设计师扎进更加纷繁浩淼的行政事务里，各家都有各家的说法。尽管，简单追求作品的永恒，对于人到中年的设计师来说，已经显得肤浅幼稚。但对于热爱专业设计的人来说，万事缠身，无暇专心设计心里自会很苦楚。曾群有什么例外？

曾群不喜欢别人把他的职务与专业对立起来看，他总爱将自己比作"经纪人"。他说："人总是要有点责任感的，作为一名管理者，我希望能成全更多设计师的梦想。"

对作为领导的曾群来说，他的考核标准就不是简单的设计了，也就是说，不是看他画了多少图，造了多少房子，而是看他带领团队做了什么，他为员工营造了什么样的工作氛围，提供了什么样的机会。世博会后，许多慕名而来的业主都找上了曾群，除了一些特别重大的项目，曾群都将他们交给其他建筑师。他说："设计师们需要这样的机会，我能做的就是为他们搭建这样的平台，做做后勤。"他所谓的"后勤"，就是和那些难缠的业主去交涉、找规划部门沟通，目的自然是为了给他手下的这些思想活跃的建筑师们有更多广袤长舒的空间。

看来，当领导不仅需要有能力、有魄力、有胸怀、更重要的是能修到肯牺牲、敢担当的境界方可转身幕后为领导者。

我想，世博之后，曾群的路会更宽更广。

场外

曾群的一天

撰　文｜李明怡
摄　影｜Vivian

2010年10月20日　星期三
天气　阴

场外栏目由来已久，与设计师耗上一整天，观察他的工作，了解他的日常的工作状态，其实是件挺辛苦但也挺好玩的事。其实大多设计师的工作状态都只能用"庞大"、"高速"和"复杂"等这样的形容词来形容，在我这般安逸成性的人看来，他们的一天感觉就像一周。

对曾群来说，这是再普通不过的一天。日程安排复杂而紧凑，排满了各种主题大大小小的会议，从工程到讨论方案，从学术交流到管理琐事等等，他差不多一个会场窜到另一个会场。

8：50

国内许多建筑院校都羡慕同济大学。原因很简单，多少有学校能有这么多优秀的建筑，这里不仅有几十年前老一辈建筑师留下的佳作，也有许多年轻建筑师的实践，中法中心、C楼、同济大学综合楼……一大早的在这样的校园走走，确实是个幸福的开端。

同济大学设计院就位于同济大学四平路校区内。这个在几十年前，仅是个学校"三产"的附属品，如今已成为同济大学的招牌之一，同时也孕育了沪上几大龙头设计企业。

9：00

差约三点，小编准时迈入他的办公室后发现，曾群早已与同事开起了小会。

曾群个子不是特别高，身材瘦削，穿着细条纹的素色衬衫，一头浓密的头发整整齐齐，看上去斯文而谦逊。在他们聊天的当口，小编扫视起了办公室来。与校园的气质一样，曾群的办公室很朴素，普通的办公桌椅以及书柜，连个沙发也没有，只是桌上的iPad与iPhone透露了其紧跟潮流的一面。

同事刚走，曾群就左手拿着iPhone，右手拿着列明待办事项的白纸打电话。

果然，iPhone已成为现代设计师的标配。

曾群对我说："我每天早晨都会先列个表，把要处理的事情列出来，再开始打电话。"

"你的助手不能打吗？"

"我打会比较管用。"

简短地回答了小编后，曾群又按部就班地一个个电话拨打过来。

10：05

作为一所之长，曾群大事要披挂上阵，小事也不能不管不顾。现在，同济自个的事，曾群自然责无旁贷。

面对着日益扩张的"同济设计带"，同济大学将四平路校门东南侧的"巴士一汽四平路停车场"改造成"上海国际设计一场"。在向小编描绘起这个项目的前景时，曾群很得意。这里将来不仅包括设计博物馆、建筑学院、中意中心、联合国设计组织总部等，同济设计院也将搬迁到那栋新房子去。

今天的会议讨论的是此楼的标识系统。

关于详细技术性讨论的细节,小编是一点都没听进去,反而是被那些空间感极强的效果图吸引住了,在曾群的改造下,停车场车库的"骨架"虽然还健在,却即将变身为一幢极具现代特色的建筑大楼。

不过,曾群也没能安分地一直坐着定方案,一会接电话,一会有人找。

10:20

曾群无疑是同济院的招牌建筑师,除了管设计、管经营、管琐事外,对外交流也是他日常工作的一部分,尤其是在对外交流颇为频繁的同济大学。

曾群匆匆从上个会议室赶到了另一个会议室,所幸,讨论会就在设计院一楼的会议室。

今天的任务是与一队智利建筑师进行交流。双方各自介绍了自己的经历以及代表作品等,而同济方面主要介绍的仍然是世博的作品,尤其是曾群的主题馆,还有那个获得建国60周年创作大奖的钓鱼台国宾馆芳菲苑。

"学校的对外学术交流也归你管吗?"

"我们院本来就属于学校的,关于设计方面的交流,我自然也要参与。"

看来,在现代组织关系中,设计院的领导者是个多重角色,其一就是要能当外交家。他要有平衡外界环境,协调与其他组织的关系,争取获得最佳支持和最大能源的能力。

12:00

"吃在同济"的美誉早已流传于沪上高校间。可不,与设计院那栋老楼比邻的综合楼底层就有个环境颇为典雅的餐厅。

曾群的点菜速度极快,看着小编诧异的眼神,他很潇洒地点了根烟,吐了口烟雾,说:"我做事从不拖泥带水。"

小编脑海里浮现出"快枪手"的形象。曾群曾自曝年轻时,一晚上就可以搞定两张图,是个出了名的"快枪手"。

等饭的当儿,小编自然闲不住。

"对刚才智利的建筑师作品有何评价?"

"南美人的心态好,他们的作品很美。"

"这并不是理论层面上的美,而是很真实的,直触建筑本质的东西。"

……

看得出来,曾群是个务实的建筑师,他所欣赏的建筑师与作品与他自身是一个路数的,比如卒姆托,他们都是将建筑本身作为研究对象,希望追求建筑的本质。

13:00

世博成就了曾群。如今,关于后世博的话题更是人们关注的焦点。

今天主要的方案讨论会就是关于这个后世博项目的竞标方案。

做个大型设计院的负责人挺不容易的,勾草图、盯现场、也要负责向上汇报,所有重大事情都需要他做出正确的判断。而这种正确性,不仅要应对具体问题,应对全局,也要经受得起历史的考验。

而对小年轻,不比原先。给他们解思想疙瘩,软的不行,硬的不成,要真有两下子,他们才会心服口服。这个方案讨论会告诉了我,曾群并不是个行政人士,而是真在设计上有"两把刷子"的人物。

这是个很重要的竞标,设计的方案是世博轴后边的超高层建筑,这样敏感的基地位置决定了这必然是要顶着风头浪尖的。

小年轻们拿出了事先做好的项目研究以及自己的方案初稿,各种形态的假设都摆在了曾群面前。

曾群将身体蜷缩在椅子里,左手点燃了香烟,不时地托着腮帮子开始沉思起来。

不一会儿,右手就不闲着的开始绘制草图,

场外

他很快从纷繁而多头的线索中寻找出了这个方案的方向。有时，曾群这样的角色需要极强的判断力。

"这个方案太先锋了。"曾群一直强调设计要在社会中学东西。所以，曾群的设计一直很大气，但从不过分地追求形式化。给大体量的商业建筑虚张声势地镀层文艺的金其实是招险棋。走岔了，就是文艺青年搔首弄姿的笑话，走好了则可以憧住许多人。这就是它们有时比实验建筑更难做的原因。幸好，曾群是后一种。不得不说，他是个聪明的建筑师，太知道怎样把"文艺腔"这瓶调料恰到好处地洒在建筑里，既满足了功能，亦安抚了人们心中的那点小情结。

这本是一条险峻的钢丝绳，然而他一次次地平安走到对岸。

14：10

平日里，曾群被下面设计团队拉着去见甲方、为图纸把脉是常有的事。但以"经理人"自居的曾群还得管着关于"柴米油盐"的杂事。陆陆续续好几批的效果图公司、模型公司都前来与他核对着费用。不过，这些杂事的效率都很高，几分钟也就能处理一拨。

14：25

朋友托付来的学生上门求助。

这个有点稚气的小男生，一心奔着同济设计院而来。

曾群是个"老同济"，二十几年来一直扎根同济，他本科、硕士都在同济就读，随后又进了同济设计院。自诩草根出身的他一点也没有居高临下的架子，只是询问了小男生的具体情况后，向他提出了些客观而实用的建议。

15：10

曾群的贴身助手邹子敬坐到了曾群对面，

点上了烟，两人一边对着抽烟，一边交流各个项目的进展。可以说，邹子敬就是曾群的贴身总管，经常泡在一起，多半院里的事情，两人坐在一起就定下了结果。

两人的语速虽然都不快，但都非常简短，昏昏欲睡的下午令小编的脑子始终跟不上他们谈事的节奏，我总是很愕然地发现，他们谈的又变成另外一个项目。

小编趁着曾群接电话的空隙，想从邹子敬口中套出些八卦。

"曾群是怎样的一个人呢？"

"帅！"

"还有呢？"

"青年才俊。"

小编愕然，看来，从这对哥们嘴中套出些八卦亦是徒然。

15：55

禁烟已经成为了时下的全民运动，上海市政府号召办公及公共场所禁烟，同济院自然积极响应。这样一来，对那些一时半会戒不了烟的同志，特别是指望烟卷带来设计灵感的同志，严寒酷暑地站在外头喷烟吐雾，也并不是件快乐的事。

于是，人缘颇好且没啥脾气的"烟民"曾群成了同事们的"救星"，他那独立办公室顺理成章地被评选为"最佳吸烟区"。

果真，不过二十分钟时间，已陆陆续续进来了好几拨找烟抽的，禁烟条例将曾群的办公室衍生为新的社交场地。氤氲的烟雾很快就在这个小小的空间里聚起来，而有关工作、有关调侃、有关私事的话题都在这里展开……

"我这就是个驿站，啥都有，他们就喜欢上我这加加油，解解乏。"桌上的烟头尚在燃烧，曾群就又转身翻箱倒柜了一把，笑嘻嘻地拿出一盒饼干放在那包中华烟旁边，对着小编说："饿

了吧,垫垫。"

独立办公室那么多,为何唯独曾群的办公室如此受欢迎?小编综合了解,得出以下原因:一,曾群也是个烟民;二,这里一直好烟候着,抽烟还无须自备香烟;三,"交通"最为便捷,比去洗手间还近;四,抽烟的窗口还能和曾群"嘎三胡"(沪语,聊天之意)。

确实,在忙碌的设计生活间隙点上一根烟,当烟圈从点点火花中升腾起来时,片刻的宁静已经胜过一切。但这样的禁烟口号虽然约束了这些烟民,但其实从另一方面也凝聚了他们,令他们多了一个沟通的地方,让抽烟这件原本很私人的事情,变成了件冠冕堂皇的社交活动。

17:00

巨人在小睡,我们称之为"力量之盹",是等待爆发的小憩。无论你怎么称呼,都别以为某天的某个时候,一个在白日里溜进梦乡的人是不负责任的。今天的贴身跟踪,令曾群放弃了中午打个盹儿的习惯,显然,令他整个下午的精神都不是太好。

不过,他很客气地对小编说:"今晚北京那个当代MOMA的业主要来,我得保持充沛的精力,你先在旁边会议室坐会吧。"

小编自然很识趣地溜到了旁边的会议室发会小呆,偷偷懒,留给曾群自己储蓄能量的时间。

17:30

曾群的打盹效率很高,半小时后,就已神采奕奕。

"今天就不好意思了,有个很重要的业主一定要安排在今晚,让你也跟着加班了。"

"那你平时这时候就准点下班了?"

"不出差时,这时间点一般是我画图的时候,反正上海交通那么糟糕,堵在路上还不如在这里做点事,我一般都7点半左右才下班。"

17:50

甲方的各位负责的经理已到场,而大老板则因为飞机延误,随后再到。

遇上饭点谈事的业主并不多见,曾群张罗着为每人定了份客饭。反正,以美食闻名的同济,客饭也不是难以下咽的。

各位负责人先将项目的概况介绍了下。业主来自当代集团,即开发北京当代MOMA的地产公司,该楼盘因其节能科技性以及出自美国建筑名师斯蒂文·霍尔之手而闻名。介于这样的大背景,业主在山西太原的项目自然不能砸了自己的品牌,虽然原先已有设计公司介入,并完成了部分建筑,但现在还是希望将其更加完善。

找曾群的目的,自然是"号脉看诊",改善原先方案的不足之处。

世博会之后,许多业主都瞄上了同济院,尤其是那套"世博班子"。这次由曾群领衔的,

就是这套原班人马。而世博后,同济院也越来越热闹,有着越来越多慕名而来的高端业主。

整个会议期间,曾群并没有太多的表态,只是先行介绍了下各位到场的设计师。而他重复最多的话,就是提醒大家是否要先用点晚餐,甲方都婉拒了,叫来的盒饭也只能在角落里静静地呆着。

19:30

在双方都把项目背景介绍了差不多时,甲方的老板才姗姗来迟。原因很简单,京沪快线常规性晚点2小时。

这位老板姓张名雷,此张雷非彼张雷,不是南京的建筑师张雷,而是当代集团董事长、总裁,媒体采访的焦点大多集中在他如何开发新型节能住宅,引领新时代科技豪宅的创举。

我想,像这样尊重设计,肯在盖房子上花精力的甲方是许多设计师都渴望合作的对象,因为,这离建筑师最原本的梦想会很近。

张雷在场的会议时,曾群的话也不多,除了表达对北京当代MOMA的设计以及节能设施的欣赏外,其他大多是由他的同事们汇报与介绍。不过,他的在场已能给甲方一粒定心丸。据张雷自己讲,自己偷偷来上海考察了许多同济院、尤其是曾群的作品,这回就是冲着曾群来的。

这其实是双方就该项目的第一次接触,无非是对各自的班子了解一下,方便下一步接触。双方很快对彼此都非常认可,甲方提出的"节能"自然不能难倒这群已在世博会上历练过的老将们,而张雷对同济院派出的"世博班底"亦非常满意。当然,这里不仅是建筑设计,还有暖通、水、电、结构等技术含量非常强的工种。经历了世博后,同济院的金字招牌也更亮了。

1小时不到,张雷起身告辞,原来他还要赶9点钟飞往另一个城市的飞机,而上海之行,只是打了个"飞的",拐个小弯,来会会曾群。

相约太原之行则是会议的结束语。

20:20

老板走后,甲方的各个经理如释重负。等待许久的盒饭也终于上桌,对于吃惯高档餐厅的甲方们来说,同济的校园盒饭显然很亲切。

快餐茶话会的内容很轻松,无关项目,而是回忆白衣飘飘年代的青葱岁月。

21:00

愉快的快餐茶话会很快就结束了,曾群也结束了他一天的工作。

小编有点小兴奋地问曾群:"好玩吗?"

"我也就把把关,出出面,做做杂事,这项目还是会留给其他人来做。"

果然,又是一副俯首甘为孺子牛的经纪人派头。 END

2010年秋季巴黎家居装饰博览会
2010 MAISON&OBJET

撰文　江南
资料提供　Maison&Objet

巴黎家居装饰博览会（Maison & Objet）无疑是每季家居趋势的风向标，今年秋季展会于9月3日至7日在巴黎北郊的维勒蓬特展览中心举行。明年冬季展览的时间为2011年1月21日至25日。

随着经济的逐渐复苏，家居设计行业亦已初现端倪。人们一方面谨守维护环境、关注地球的限制，一方面却也大胆地追求奢华与艺术等偏向华丽装饰的家居风格，不过与以往不同的是，这季的奢华风格更加趋向务实风格，为此，巴黎家饰展另辟展馆，专为高档奢华家居品牌提供实际的解决方案咨询。展会邀请了知名建筑双人组谢斯 & 莫赫尔建筑设计公司（Atelier d'architecture Chaix & Morel et associés）设计新增的两馆展区7馆及8馆，专门提供高档奢华家居设计品展示。

另外，今年适逢巴黎家具展（Meuble Paris）五十周年庆，巴黎家饰展首度与家具展合作共同参展，这样的举动也同时说明"家具"在家居趋势里愈显重要的地位，甚至有可能一跃成为家饰趋势的主角。换句话说，掌握家具趋势就等于掌握家居趋势。为了庆祝巴黎家具展五十周年庆以及首度与巴黎家饰展合作，巴黎家具展特别推出五大主题的系列讲座，针对"巴黎家具展五十周年庆"、"创新"、"市场"、"旅馆"及"社会／趋势"提供了360°全角度的家居时尚。

该展览的一大特色，就是每年都会另辟专区介绍第三世界国家设计师作品，之前推荐过泰国、中东及摩洛哥设计，这些国家的设计品也都成为当时崛起的设计趋势，而今年更以"俄罗斯设计"为题，邀集六位来自俄国的新锐设计师一同展出作品，除了面料及异国风格设计少不了俄罗斯设计踪影，俄罗斯设计现在更成为今年巴黎家饰展的一大主焦点，可以想见，接下来的一年将会充满各色俄罗斯风格设计。

当然，展会历年来的强项——家居装饰依然非常出彩。多年来，异国情调总是设计师的灵感来源，同时也是今年巴黎家饰展的主题之一，不论是套用具有异国风情的现代感家居品，或者是完全恪守传统手工手法创作的设计品，同样都符合今年年度家居品的趋势。值得一提的是，虽然异国主题的设计风格已经延续一段时间了，然而今年度的异国情调更加强调对环境的关注，包括公平交易、有机材质，更着重对人类及对自然环境的同等重视。

今年的面料展区显现出了四大趋势：都会风格、超现实/自然印花、柔和疗愈以及极简科技。其中都会风格主要以深色系呈现，象是深紫色、蓝色、黑色与白色，都会风格强调经典感与优雅风情，意大利品牌SVAD DONDI与来自丹麦的新兴绿色家居品牌TRUE STUFF都做了很好的示范。家居设计所流行的印花主要是大朵的花卉印花、线条，带有异国旅行感如俄罗斯风格的单色印花，法国家居界今年都不约而同刮起了"法俄风格"，融合法式与俄罗斯风格的设计将会在今年大放异彩。不过，人们对具有柔和疗愈派的自然色系依然向往，其中亚麻布是最受欢迎的面料之一，其它如马海呢等来自动物的自然面料也非常受欢迎。

暧昧的私密

撰　文　｜　二南
资料提供　｜　Maison&Objet

　　每年两季在巴黎家居装饰博览会都会在展会的显著位置推出主题展,该展览会邀请色彩、造型以及流行趋势等各界的专家一同收集当代社会现象,并对来年的趋势作出预告。

　　随着科技的发展,人与人之间的私密界限越来越模糊,有些人喜欢偷窥,有些人喜欢被偷窥,而这些矛盾却营造出一种模糊迷离而暧昧的私密感。针对这样诡异而矛盾的社会现象,趋势专家们为今年秋季的展览定出了"私密"（Intime）的主题,并将其分为三个部分来诠释,它们分别是"欢迎打扰"（Please Disturb）、"微观世界"（Microcosmes）与"远古的庇护"（Archaic Shelter）。

躁动的不安

"欢迎打扰"位于1号展厅。顾名思义,这个展区的主题主要就是诉说家饰品的一个流行趋势,许多不安而躁动的元素被驯服在这些展品中,展区的空间就仿佛夜店一般,以黑色为基调搭配灯光效果,现场DJ播放着躁动的流行音乐,拳击擂台上充斥着各项展品:由不规则皮革肆意拼接而成的沙发椅、插满大头针的矮凳、岩石般尖锐不规则状的大型花瓶等等。

策展人大量使用了一些有别于"舒适"意象的元素,破碎、尖锐、冷硬、不规则性则是此次的主角,而较为夸张、大胆具有张力的设计风格则是策展人向我们传达的意图。在这种设计风格中,形式与物品本身并不是主要焦点,相反地颜色才是主要的重点,如果我们无法拥有隐私,不如大肆宣扬展现,不如大声表达自己的想法,于是这类风格中经常会出现如镜面般的装饰,展现一种暴露、窥伺及欲望的向往;或者是来自当红人物Lady Gaga的灵感,运用各式各样的底片所做成的装饰品,甚或是"过度"暴露的衣着装饰,以及极度抢眼的装饰风格;也或者是对"混乱"的偏执热爱,形成一种荒废败乱的极端风格,依附在这种风格底下的设计运用,象是带有皱摺的家居设计,或者是带有破洞等不完满的细节处理。

私密领域的向往

位于2号展厅的"微观世界"主题展与上一个展厅大张旗鼓的设计风格完全不同,虽然这组的设计灵感也是三自于现代社会过于纷杂的反动,但策展人却选择了回归宁静的表达方式。

现代人暴露于资讯社会的喧嚣与洪流当中,渴求寻找内心的平静,家用品的设计也注重个人空间的营造与建立,像是家具可以提供一个与外隔绝并且被包围的个人小天地,人们可以自由选择与外界接触或互动的方式。但此一主题并不多谈个体与外界的沟通及联系,反倒是向内部与自我探究,思考在一个与外隔绝的空间当中,物品对人的意义有什么样的可能性,像是赋予平静、慰藉,或是心灵上的自由。由许多的产品中可以观察到,实用性已经不是首要考量,物品对人的意义才是核心,也因此有的产品构思了新的使用方式,不一定极具功能性但趋近于一种艺术性的作用,言谈之中主宰的其实是诗意的想像与无形的内心感触。

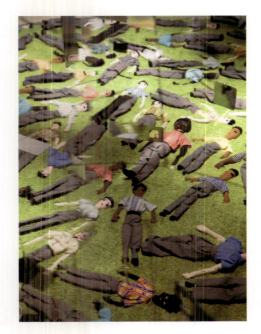

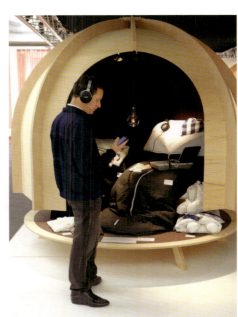

柏拉图的洞穴

　　最后一个主题展是位于3号展厅的"远古的庇护"。整个展场呈现史前时代的穴居风貌，在洞穴中呈现仿佛原始人的居住所，石器、木器、野兽皮毛甚至动物骨骸，都是被运用在家饰用品上的元素，而不只是对原始材料的选择，连产品制作手法上都显露一种原始而不假雕饰的风貌，并不是复古，而是重新回到原始的状态去思考材质的表现。像是以动物骨骸为结构的吊灯、覆盖着皮毛的织物、或是现场表演人员槌打玻璃，加工成有如矿石水晶般的器物，一切仿佛时空错置回到了史前的穴居生活，但这些物品却都是只应出现在现代生活的家饰用品。展场的导览指出，这个主题诉说的是一种极端地反璞归真的需求，寻求慰藉、庇护，以及内在的平静。这类的设计风格通常脱离不了鸟巢状的编织手法、羽毛、岩石等来自然的素材，甚或是取材自动物栖息的灵感，或者是私密而隐讳的原始穴居风格，都是此类设计偏好的处理手法。

Baker 杭州旗舰店开幕
——专访 Baker 家具全球总裁 Rachel Kohler

撰　文｜罪

2010年10月8日晚，一场名为"典藏时空"的盛典辉耀西湖大道，正式拉开了 Baker 杭州展厅的序幕。Baker杭州展厅位于第六空间艺术生活广场，展厅面积近1000m²，展示有 Baker 全系列家具的约300件参展家具，是目前亚太区面积最大的 Baker 展厅。启幕盛典上，专程从美国赶来的 Baker 家具全球总裁 Rachel Kohler 女士特意前来为新店剪彩。

作为国际奢侈品牌的代表，Baker 最引以为傲的乃是其典藏级的 Stately Homes（古堡系列）。该系列由 Baker 与古董家具权威 Humphry Wakefield 爵士合作，复刻英格兰、爱尔兰和苏格兰著名古堡中的多款贵族家具，从而以现代工法还原出一个古典的世界。近年来，Baker 还与多位世界顶尖室内设计师合作，不断推出极具时尚感的产品系。无论是极受各国皇室成员推崇的 Jacques Garcia，还是全球 Gucci 专卖店御用设计师 Bill Sofield，或是以优雅风格著称的才女 Barbary Barry，都为古老的 Baker 注入更多当代的灵感。据了解，与 Baker 杭州 Show Room 同时拉开序幕的，还有 Baker 120 年的历史展览，众多原生态、翔实的老照片，像是一场古典的重游与重返。《室内设计师》也在此次盛典之际，与 Rachel Kohler 进行了面对面的交流。

ID=《室内设计师》
RK=Rachel Kohler

ID：请介绍一下你们的品牌历史。
RK：Baker 百年品牌故事始于 Baker 家族——父亲对传统手工艺的深刻理解使得儿子追求成为一名家具鉴赏家的热情得以变成现实，因为他知道"真正的"作品该是什么样子。Hollis Baker 周游世界，出入于各大博物馆和私人住宅，眼界见识日有增益，并将满腹见闻带回美国。直到今天，我们的团队一直在汲取蕴藏于 Baker 博物馆中近4000本书籍和设计作品的珍贵藏品的精髓。这些藏品都是 Hollis Baker 在游学过程中搜集而来，作为设计灵感和参考的。数十年来，我们一直在行业中处于领先地位，因为我们知道如何承昔祖辈的遗泽，形成独有的特色并以此特色来定义我们的品牌。同时，我们也努力维护行业领头羊的地位。

现在启用客座设计师已经是设计界的老生常谈了，而 Baker 却是这一行为的先行者。早在1950年代我们就邀请过设计传奇人物 Finn Juhl 和 RobsJohn-Gibbings。通过与 Barbara Barry 的合作，Baker 定义了美国生活方式的时尚潮流。 Baker 也是首个推广更为休闲的"英式乡村"生活方式的品牌，在1990年代即已推出 Milling Road 系列。我们的经典产品 Stately Homes 系列和 Historic Charleston 系列是最为著名，也是最为标志性的产品。正如我之前提到的，我们也研发了如 Tony Duquette 或者 Arbus 系列这样极具挑战性的独家产品，对于品牌有很好的提升作用。我们所做的一切都是为了保持品牌传统与作为行业领先者所必需具有的冒险开拓精神之间的平衡。

ID：Baker 的优势在哪里？
RK：拥有 Baker 的家具就是身份与睿智的象征，也是极具升值潜力的投资。Hollis Baker 常说，Baker 产品充分体现了何谓好物一件胜似凡物一千。我们的设计从不吝惜时间和物料，力求实现最完美的比例和造型。材料都是精选而出，制作工艺严格遵循传统，也会与时俱进，应用创新科技。

ID：你如何看待中国市场？你们是否有开拓针对中国市场的产品？
RK：我们刚刚就是在收集充分的数据以理解人们的需求所在。我们的研发期一般要18个月，因此目前我们所能做也已经着手去做的就是改进一些项目以适应中国市场的需求。我们已经增加了越来越多的涂料和饰物选项以及超过1000种纺织品供设计师选用，以便他们能为客户设计出更精彩的作品。

ID：请介绍一下 Baker 的主要设计师。
RK：我们感到非常自豪的是，我们拥有一支精英团队。嘉宾设计师包括 Barbara Barry、Thomas Pheasant、Laura Kirar、Jacques Garcia、Bill Sofield 和最近作为奥巴马家族的设计师而闻名的 Michael S. Smith。除此之外，我们还拥有一支稳定的内部设计团队，他们与嘉宾设计师合作参与其系列作品创作，也负责一些需要深入了解 Baker 特色和传统的定制产品的制作。

ID：你们为何选择在杭州开设这样一个大规模的 Baker 展厅？
RK：陆先生和张女士是我们亚洲区最大的代理商，他们同时具有远见卓识以及充分的客户资源。这个750m²的展厅使得我们可以布置一个非常奢华的环境并陈列几乎所有的系列产品。较之北京、上海那样的大都会，杭州也是我们展示品牌形象的最佳选择。杭州人口众多，生活水平较高。杭州市民素质高，审美能力强，能够欣赏奢华的生活方式，这正是 Baker 的目标客户群——富裕的成功人士，乐于投资高端产品以彰显他们的身份和品位。 **END**

"苏州·旺山六园"
项目国际研讨会启动

撰 文 | 会昧

苏州园林，是中国文人历来钟爱的传统文化精髓。对当代中国来说，以现代的建造语言解读中国传统精髓是一种逐渐流行的实践模式，苏州园林自然也成为当代建筑师喜闻乐见的创作母本。2010年11月17日下午，"苏州·旺山六园"项目启动国际研讨会在旺山环秀晓筑十全厅举行，该项目正是本着展望中国传统文化和现代性之间的思考这一宗旨，邀请了六位来自中外各国的著名建筑师，希望以集群的建造模式来对中国当代建筑的未来进行有益的思考。

参加此次会议的包括美国知名建筑师、南加州建筑学院前院长Micheal Rontondi，丹麦知名建筑师、室内设计师Lars Gitz，日本一级注册建筑师、法国注册建筑师Bereder Frederic，中国著名建筑教育家、东南大学建筑与城规学院博导、全国建筑学专业指导委员会主任仲德昆教授，中国著名建筑师、同济大学建筑与城规学院博导项秉仁教授，苏州大学建筑与规划系主任刘晓平教授。研讨会主要围绕"旺山六园"项目背景及开发理念展开，并讨论确定项目地块分配和设计的进度，同时还举行了建筑师设计构思交流会。

在项目启动会上，业主顾军总经理介绍了"旺山六园"的项目背景及开发理念。"旺山六园"项目规模20亩，总面积4800m²，"旺山六园"规划6栋独院单体，每栋占地2386多m²相当于3亩地，地上面积800m²地下500m²。单体面积非常大，是豪宅的级别。项目现场位于环秀晓筑度假村，地处旺山核心区位。负离子的含量是苏州市区的200倍。经过测试的噪音是苏州市区的1/50，是距离苏州城区最近的度假区，兼得自然山林之寓意和都市生活之便捷，更于2009年被苏州市评选为最佳温泉胜地。

"旺山六园"项目仅6栋，业主邀请了6位国内外知名设计大师，为这6栋别墅倾心设计。业主希望建筑师将苏州园林的传统元素进行现代化的表达，每位设计师将有很大的发挥空间，并对项目的建筑、室内与景观进行一体化设计。

据了解，该项目将于明年2月递交第一轮方案，预计明年底竣工。

《世博制造》：打造"永不落幕"的纸上世博建筑盛会

由《城市中国》杂志社编辑部策划编著的世博建筑书《世博制造》(MADE IN EXPO)将由上海三联书店出版。该书精选上海世博会18个最富建筑研究价值、最高人气、最精良的建筑场馆，详实展示每一场馆从概念生成、设计过程、建造过程直至建筑完成全过程等丰富细节，并通过平面设计创意，再现每位建筑师与其作品背后的故事，为热爱建筑与视觉设计的广大读者献上一部"永不落幕"的纸上世博建筑盛会。按照18个场馆，《世博制造》分为18个册子，每册均包括介绍文章、设计过程图、建筑图纸、建设过程图、建筑完成图、参观者参观建筑物的实景图、著名摄影师提供的实景图，以及建筑师以往作品索引。此外，还附有66张320mm×480mm专业图纸，以及一张A1尺寸海报。全书创意装帧设计由香港著名装帧设计师孙浚良操刀完成。

2010年上海世博会园区总规划师吴志强赞誉此书为"最美的世博建筑书"，世博会的建筑设计是全球建筑师才华与智慧的凝聚，它不仅带来震撼的视觉效果，也代表着我们对理想城市的探索和畅想。借助文字与图纸，《世博制造》将18座艳世博建筑转译成 400 页精美书页，帮助我们珍藏这些"永不过时"的世博建筑与城市记忆。

2011年春季巴黎家居装饰博览会1月开幕

2010年9月的博览会还意犹未尽，2011年1月的博览会又将不期而至，将于2011年1月21日至25日在巴黎北郊维勒班特展览园举行。在深冬，最新的春夏季家居系列将在MAISON&OBJET巴黎家居装饰博览会上璀璨登场。自"新馆"2010年9月全新开启后，巴黎家居装饰博览会又新增了个生活艺术展示空间，8号馆将展出经设计师严选的面料布艺展，MAISON&OBJET éditeurs、室内设计展 scènes d'intérieur 和前沿设计展 now! design à vivre 等传统展区都将带来新鲜设计力量，为观众提供绝美的视觉享受。整个博览会的展示越来越丰富，展品越来越奢华，设计和新品的发布也将会越来越多。

澳大利亚黄金海岸海景一号登陆杭州

澳大利亚黄金海岸海景一号（SOUL）杭州展示会于7月24日至25日于杭州温德姆豪庭大酒店豪庭厅举办，主办方为澳大利亚JUNIPER开发集团，承办方为澳大利亚铂均房地产公司。SOUL 的总投资额高达8亿5千万美元，是澳大利亚在建的最有价值的全新住宅高楼和零售开发项目，其地理位置非常优越，位于黄金海岸最为著名的地点，基长克威大街和海滨在滨海区域的交汇处。在此SOUL 将建造一座77层的245m的高楼俯视整片海滩，同时还将打造价值1.2亿美元的零售和商业广场，引进不同凡响的精品与设计师品牌专卖店，这是冲浪者天堂海湾地区首次进行如此大规模的开发工程。

第三届中国环境艺术设计国际学术研讨会顺利召开

第三届中国环境艺术设计国际学术研讨会于10月23日在东华大学正式召开，本次会议主题为"低碳·景观·未来"，主要探讨及研究建筑与景观的低碳设计趋势。会议由东华大学、中国建筑工业出版社等单位共同主办，服装·艺术设计学院承办。

从不同的视角讨论"低碳"的问题，正是本次国际学术研讨会的一大亮点。为此，东华大学特别邀请了日本当代环境设计开拓者、世界著名建筑大师长谷川逸子（Itsuko Hasegawa）、日本著名城市景观学专家佐佐木叶（Yoh Sasaki）教授、德国著名景观建筑师马库斯·海因斯多夫（Markus Heinsdorff）教授、欧洲著名景观设计师、柏林市中心 ULAP 广场总设计师提尔·雷瓦德（Till Rehwaldt）教授、荷兰环境能源部城市可持续发展C2C协会主席大卫·杨·姚斯特拉（Douwe Jan Joustra）先生，以及东华大学环境艺术设计研究院院长、东华大学环境艺术学科学术带头人鲍诗度教授等多位国内外著名专家、教授以及全国多所高校环境艺术设计专业的教授、学者，共同就"低碳·景观·未来"的议题进行研讨。为了推动中国低碳景观设计的发展，融合国际景观界"低碳景观"的主流趋势，中国环境艺术设计国际学术研讨会组委会特召开本次国际会议，旨在设立学术研究平台，为中国环境艺术设计学术理论研究做一些基础性的工作。

欧缔兰®登录中国

近日，意大利奢华内饰材料品牌欧缔兰®（Alcantara®）首度登录中国，在上海JIA酒店举行了小型媒体发布会。欧缔兰®是一款独一无二的创新覆盖材料，是通过专利原创技术创造的革新材料。产品集感官性、美学性和功能性于一身，并遵循社会道德准则、注重可持续发展，在保护环境的同时为追求美观与高效的现代消费者打造专属的生活方式。该产品具有质感柔和的感官特性、美观典雅的美学特征、集合耐用、易保养以及透气的功能价值和100%的碳中和性能于一身。通过这些优越特性的结合，欧缔兰®覆盖的用品将在日常生活中最大程度地发挥功效，并对环境投以关怀。其多样的特性可被广泛运用到全球各类产品中，而且品牌对潮流以及时下研究的关注是产品设计与研发的基础：例如加入花卉装饰，银色或闪光效果，强烈对比等时尚元素。所有的这些都是为了加强这款独一无二的材料优雅自然的风格。其丰富的色彩使其可以与其他材料完美搭配。

Emeco将最新设计作品带进设计共和

2010年11月3日，在设计共和位于上海市余庆路的展示厅内将举行 Emeco 品牌中国区的正式发布。Emeco总裁 Gregg Buchbinder 先生及知名设计师 Michael Young 先生携品牌新品齐集现场。当Emeco 带着分别与 Michael Young 合作推出的 Lancaster 系列和与可口可乐公司合作推出的"111海军椅™"同时亮相今年的米兰国际家具展时，整个国际家具设计界无疑被这个经典的美国名品牌再一次撼动。此次，与英国设计师 Michael Young 合作推出的 Lancaster 系列家具可谓是在构件化设计方面的一次大胆尝试，该系列产品包含有折叠椅、吧椅、餐桌等，采用铸铝椅座、椅背与木炭料腿搭配。对天然材料情有独钟的 Michael 始终认为木材和金属是最贴合人类的元素，它们有着大不相同的老化过程，这一点在 Lancaster 系列产品中形成了鲜明对比，毫无疑问是理想的组合 —— 木材可使椅子的边角变得柔软，而铝则将使产品保持传统的色彩。

Trends 乐活厨房 开启社交厨房新风尚

近日，《TRENDS 诠释》杂志携顶级厨房生活专家在上海时尚家居用品展中心腹地现场打造了"Trends 乐活厨房"实景空间，与沪上知名设计师一同给你答案，邀您乐享社交厨房新风尚。此次以厨房为主题的设计盛宴绝非一时心血来潮。如果说起居空间是屋主生活方式示人的第一印象，那么厨房有望成为象征品位和情趣的"第二名片"。"TRENDS 乐活厨房"力邀业界高端建材品牌和厨电专家倾力合作，将厨房实景搬到了时尚家居用品展的现场，亮出厨房"社交"新身份。大庄地板、JNJ 马赛克、艾仕壁纸用创意围合出 260 平米的魅力空间，云集了新西兰国宝级厨电品牌斐雪派克、意大利艺术家电卡萨帝、法国厨具酷彩、德国顶级 Miele 电器和柏丽橱柜的操作体验上演厨房科技的格调和鸣，来自挪威的沙发专家思特莱斯以及澳洲高端设计家具品牌 woodmark 更是为参观者提供惬意舒心的氛围近距离感受乐活厨房生活。

BRC 打造美国馆精彩游客体验

随着2010年上海世博会即将落下帷幕，以荣获设计大奖和打造沉浸式娱乐和品牌体验而著名的 BRC 想象艺术公司，祝贺世博会美国馆开幕六个月以来总共吸引了700多万人次前来参观。"美国馆每天有超过42000多名参观者，是世博会参观人数最多的场馆之一，这对于美国来说也是个重大的胜利，" BRC 的创始人和首席创意官鲍勃·罗杰斯说。"但是，真正能够证明展馆成功的是演出结束后参观者的脸上露出了喜悦和惊奇的笑容。BRC 对于让这几百万参观者沉浸在触动人心的故事和表演里感到十分骄傲。"上海复旦大学最近的一项研究表明，美国馆达到了参观者的高期望，让他们对美国人和美国公司产生积极的评价。95%的受访者认为"花费时间和精力参观美国馆是值得的"，超过93%的受访者表示，美国馆很好地体现了美国精神，90%以上的受访者认为，"中国公司从美国公司那里学到了先进技术和管理技能。"

美国馆总代表费乐友表示，"BRC 设计了一个鼓舞人心的演出，让数以百万计的参观者进行了一次难忘的心灵和灵魂之旅，体现了美国馆拥抱挑战的主题。"除了美国馆，BRC 还设计制作了由中国移动和中国电信联合主办的、非常受欢迎的信息通信馆，在世博期间吸引了300多万人次前来参观。

马兴文与兰博基尼艺术跨界驰骋

艺术跨界设计师 Simon Ma（马兴文）与国际知名跑车品牌兰博基尼继上次成功发表马球艺术活动后，再度携手艺术跨界合作。此次 Simon Ma 特别为兰博基尼进行大型雕塑创作——《斗牛》，透过 Simon Ma 的激情艺术笔触，兰博基尼品牌独具的爆发力与速度感愈益突显，成功激荡出力与美的艺术精神。兰博基尼的品牌 Logo 以西班牙斗牛为代表，它具有激情、速度感、爆发力、蓄势待发、勇往前进的精神象征，此点与 Simon Ma 具有热情、速度感、挥洒力度、丰富色彩、前卫疯狂的艺术泼墨绘画手法不谋而合。因此结合双方品牌的DNA，Simon 特别以兰博基尼品牌 Logo 的"西班牙斗牛"为灵感，以斗牛蓄势待发的姿态进行雕塑创作，并运用独到的泼墨手法来呈现斗牛的肌肉纹理；Simon 运用不同于一般雕塑的工法，以他深厚的绘画与设计底蕴，透过色彩泼溅与滴流的效果来展现斗牛身体摆动的力道与姿势，这尊高达3米的巨大斗牛就彷佛冲出禁锢的兽笼，栩栩如生跃然而立，极具视觉冲击力。

展览"日以继夜"，艺术无所不在

由侯瀚如策展的展览《日以继夜》日前在上海外滩美术馆开幕。这场"非常规"的展览分日场和夜场。日场是由9位中外艺术家参加的群展，展览持续到明年1月3日。夜场从10月29日开始，包括演讲、对话、音乐会、欣赏电影等活动，逢周末免费对外开放，共持续9周时间。本次展览邀请了9位国内外的艺术家参与，展出内容包括装置、录像、电影、绘画、行为等各类型作品。值得一提的是，艺术家崔正化在美术馆对面的虎丘小区内悬挂了三盏仿制的水晶吊灯。作品以直接介入的姿态与小区发生关系，营造了一种艺术结合生活的整体环境，让人们在美术馆空间外，也能感受到快乐的艺术。本展的夜间活动由"夜校"和"电影观摩"两个部分组成：前者包括了演讲、工作坊、对话、音乐会等18场夜校活动；后者则安排了27场电影欣赏活动。记者实地探访了2楼的电影放映室，该放映室用复古花纹的廉价墙纸覆盖了白墙，观众座椅则被裹上了假名牌（LV）的经典花纹。他巧妙地将美术馆的空间改造为充斥着假正统、仿经典以及廉价华丽质感的"艺术圣殿"，表达了艺术家对于现今荒谬的世俗世界的批判和反映。

上海全新会德丰国际广场正式运行

坐落于南京西路的黄金地段，造型独特高雅的会德丰国际广场成为上海最炙手可热的高级办公楼。会德丰国际广场由 Kohn Pedersen Fox（KPF）设计。设计师采用超高标准的可持续建筑技术，规划这座浦西第一高楼，带领现代都市风格设计及甲级办公楼的美学新潮。

这栋楼高270m的办公大楼位于上海市区的优越地段，邻近历史悠久的静安寺和静安公园，两侧的南京西路和延安西路均为上海的交通要道。该案总建筑面积达15万㎡，包括61层的主楼（其中50层为办公楼层）、4层的北附楼（供设计品牌旗舰店进驻）和两层的南附楼（提供一系列高级餐饮）。会德丰国际广场不仅拥有时尚的流线型对称设计，与底部布置精美的广场配搭，组成一个如同雕塑一般的整体。大楼顶端的玻璃幕墙向天空延伸，酷似一组昂首待发的飞机，而在大楼底部，从垂直的外墙延续而下的玻璃为大堂提供了顶盖。从地面上看，整栋大楼矗立于一块高出广场地面数级的方形石基上，气势恢宏。面积2000㎡的购物广场与主楼之间以有盖天桥连接，在购物广场与主楼大堂之间提供了清幽恬静的室外餐区域。会德丰国际广场广泛地采用环保建筑理念，比如环保节能的玻璃幕墙，不仅让大楼内部实现最佳的采光，更有助于防止热量散失。其他环保设计元素包括节水水龙头、各楼层独立通风系统、以及用于监控照明、空调等方面的能源利用效率的全天候的建筑管理系统。

"100%设计"上海展与国际家居装饰艺术展

由励展博览集团举办，2010 "100%设计"上海展与国际家居装饰艺术展于11月4日至6日在上海展览中心华丽开幕。来自14个国家和地区的148家国际领先品牌包括 Fendi Casa, Versace Casa, Lalique 等向观众展示了其从家具、浴室、灯饰、厨房到墙面和地面装饰等最新设计产品和家居装饰。在向中国观众呈现世界顶尖设计的同时，励展博览集团也携手瑞士知名腕表品牌 RADO 瑞士雷达表积极向世界市场呈现中国设计力量，"设计在中国：瑞士雷达表新锐设计师大奖"亦成为将中国设计师的作品展现给世界的舞台。Michael Young则是本次展会的创意总监。此次，他与国际铜业协会合作，用铜这一古老而又创新的材料打造展会现场创意装置。今年展会特别得到了捷克商务处和日本经济产业省的支持。捷克此次在带来其国内最具代表性的高端水晶品牌同时，将水晶制品最新的创作理念，用最新的展示方式表达出来，颠覆人们对水晶制品的固有观念；一向以其精致的设计和对传统工艺的传承而闻名的日本此次不仅仅带来其国内最悠久的工艺品牌，更带来了这些品牌用新的理念，对其传统工艺产品的再设计。

"欧普·光·空间"办公照明应用设计大赛颁奖盛典在沪举行

2010年10月14日，"欧普·光·空间"办公空间照明应用设计大赛颁奖盛典在上海大剧院隆重举行。本次大赛由欧普照明独家赞助，赛季长达10个月，共搜集到1618幅优秀参赛作品，吸引了国内众多顶级设计师的积极参与，在业界取得了热烈的响应，堪称办公空间照明设计领域的奥斯卡。欧普照明董事长王耀海先生表示："举办这一办公空间照明设计大赛，是期望通过大赛，搭建一个展现中国办公空间照明设计最高水准的舞台，推动中国照明应用设计快速发展，欧普呼吁全国建筑装饰行业及广大设计师们能更多地关注中国办公照明环境的健康、安全、绿色、节能，为人们创造更好更舒适的办公环境，带来更加便捷、人性化的照明设计，引领人们追求更加健康、节能、高品质的工作、生活方式。"当晚的颁奖典礼在一段特别的创意沙画表演中拉开序幕，精彩的赛程回顾视频则让现场所有来宾深深体会到了大赛论坛带给设计师的思想震撼；而随着大奖的一一揭晓，台上台下的举杯齐贺声则掀起了颁奖典礼的高潮。最后，在悠扬提琴乐曲中，这场办公照明领域的奥斯卡颁奖盛典华丽谢幕。

"完设计"主题展

由《缤纷SPACE》策展，缤纷意动设计顾问有限公司承办的"完设计"主题展，于2010年10月13号在上海展览中心盛大开幕。"完设计"主题展作为中国国际生活用品展中的独立设计展，邀请了朱小杰、潘杰、吴滨、刘利年、孙云、陈大瑞、吴为&刘轶楠、杨尊杰、明合文吉、木码、贾伟、颜呈勋、刘峰、石川、姜晶等国内知名的15位原创家居产品设计师及设计机构，以"完设计"为主题，展示了中国原创家居产品设计的发展状态，以及对未来设计方向的构想。本次展览的主题定为"完设计"，是想从设计的"完成度"角度重新启发当代中国设计的价值。同时，也提醒设计师在"玩"设计的状态之中，重新思考个体兴趣与设计价值的平衡。展览从三个层面来展示"完设计"概念：个人创作区主推独立设计师的作品；设计师品牌区以独立设计师品牌和国内原创设计品牌为主，从设计理念的系统化、品牌构建的完整化等角度来诠释"完设计"主题；设计师与企业合作区主推设计师与品牌合作的设计，侧重展现设计师与制造企业合作的经验。

《设计米兰》面世

近日，江苏美术出版社推出《设计米兰》，该书为2010年4月米兰国际家具展和米兰国际设计展最新速递，近千幅精彩图片，从展示、陈设、创意等角度全面展现最新国际展示和家居设计潮流。2010年的米兰国际家具展以 THE EVENT IS BACK "再造盛世"为主题。产品突破耐用消费品的概念，设计师们广开思路，无论贵贱，任何材料都能落入他们眼中。编者将陈设设计分为4大类：家具、配饰、园艺、照明。家具无疑是此次展览的主角，阿玛尼家居、范思哲家居、芬迪家居、塞露迪等100多家顶级奢侈品牌纷纷荣耀意大利，将最新设计与全世界分享。该书共320页，定价为98元。

各地设计师组团 D+B 博览会

2010年9月底，D+B博览会巡回推广在完成了13站火爆活动后完美收官。然而其造成的热效应却在持续发酵。目前，二十余座一线大城市中的设计师正在报名组团，参加12月9日~11日举行的D+B博览会的各项活动。自2006年以来，D+B博览会累计展览总面积已超过90000㎡，总计有近千家国内外设计机构和品牌产品企业参展，吸引了来自全球各地的专业观众逾12万人。然而今年，博览会展览面积一举突破35000㎡，增长幅度创历年之最，预观众人次将超过40000人。本年度D+B博览会除了展览的规模水平外，其同期各类活动的档次、丰富度也是历年来之最，包括由23万设计师在线投票+30位专业评委全程透明评选出的"金堂奖"、来自意大利百年名校米兰理工大学的四位设计大师的讲座和荷兰设计节等。

2011 RADO 瑞士雷达表中国新锐设计师大奖启动

2011 RADO 瑞士雷达表中国新锐设计师大奖（RYDP）揭幕活动近日在上海外滩27号罗斯福会所举行。RADO 瑞士雷达表全球市场营销副总裁 Patric Zingg 先生在揭幕酒会上表示："RADO 瑞士雷达表新锐设计师大奖是年轻设计人才展现其才华与创意的平台，如今登陆中国，除了期待能在这里寻找专属中国的青年设计人才，也希望藉由此一活动，向国际呈现中国式解读的 Unlimited Spirit，让更多人看见中国设计的创意及活力。"除品牌高层与媒体嘉宾外，曾为 RADO 瑞士雷达表倾力设计 r5.5 系列腕表的英国著名工业设计大师 Jasper Morrison 先生也莅临活动，他表示："设计是无国界的，我非常期待能看到中国设计人才的活力，或许下一个 RADO 瑞士雷达表的设计师，就在中国！"瑞士雷达表在"100%设计展"RADO 瑞士雷达表展台设计冠军得主在此揭晓，来自同济大学的周颖盈以 Watchband（腕表环）概念最终赢得了专家与评委的青睐。活动最后，媒体与嘉宾们在罗斯福会所8楼的派对现场，享受 RADO 瑞士雷达表以迷幻的光影效果与电子音乐带来的 "Unlimited Spirit" 之夜，也象征了2011 RADO 瑞士雷达表中国新锐设计师大奖的盛大开幕。据了解，"2011 RADO 瑞士雷达表中国新锐设计师大奖（RYDP）"将于2011年1月1日正式开始，为时一年。

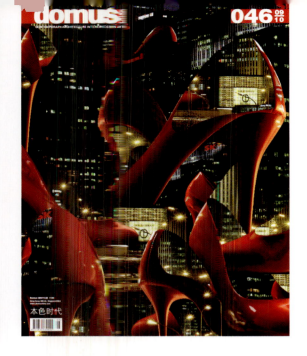

domus CHINA

CONTEMPORARY ARCHITECTURE INTERIORS DESIGN ART

STREAMS

ART

ARCHITECTURE

DESIGN

HIGHLIGHT

INTERVIEW

REVIEW

FEATURE

INTERSECTIONS

FASHION

ESSAY

BOOKS

ACHIVES

INTERIORS

免费订阅热线
400 – 610 – 1383

刘明
139 1093 3539
(86-10) 6406 1553
liuming@opus.net.cn

免费上门订阅服务
北京:
(86-10) 8404 1150 ext. 135
139 1161 0591 姜京阳

上海:
(86-21) 6355 2829 ext. 22
137 6437 0127 田婷

广告热线

叶春曦
139 1600 9299
(86-21) 6355 2829 ext. 26
yechunxi@domuschina.com

这十年 哪些建筑能让你感动与思考?

2000-2010
中国·建筑·十年

建筑创作网络评选系列活动

活动宗旨：十年耕耘后的回望与自省，在讨论中辨析建筑本质，让建筑回归宽容诚挚的文化思考，让我们用十年的实践和思索来发言！

活动目标：不仅仅是一次回顾与评奖，通过专家对项目的点评、与网友的互动，引发更深层次的全民讨论，探究中国建筑的价值观！

活动宣言：你可以坐而论道，可以站脚助威，可以义正言辞，可以拍砖灌水，每一位参与者都将是建筑界震撼的力量！

我们期待你的投票与高调表达！

活动主办：筑龙网
支持媒体：《建筑师》《建筑创作》《建筑技艺》《城市空间设计》《世界建筑导报》《室内设计师》《城市·环境·设计》《城市中国》《城市建筑》、新浪网
专家评委组：王明贤、徐卫国、黄居正、齐欣、王昀
专家评议团：力邀50位建筑师与评论家组成阵容强大评议团，对作品点评，与网友互动
主要环节：【作品提交】【作品点评】【网友热议】【大众投票】【作品评分】【颁奖展览】
奖项设置：专家关注奖 5项； 网友关注奖 5项
作品要求：2000—2010年设计并建成于中国境内的作品
作品征集：2010年11月22日—2011年1月21日
联系电话：010-88362233-836 / 821　　**邮箱**：archzhulong@163.com
更多详情请登录筑龙网　　www.zhulong.com

走向新建筑

《建筑师》杂志建筑考察活动成员招募中

主页：www.well-gather.com   邮箱：mail@well-gather.com

2010年10月2日-10月11日
芬兰、瑞典"阿尔瓦·阿尔托大师之旅"
现代主义建筑大师阿尔瓦·阿尔托全面的作品回顾。从赫尔辛基到罗瓦涅米，从出生地、事务所到他的成名之作，《建筑师》带你展开朝圣之旅，体会北欧飘然出世的风情。

2011年2月
意/法/瑞三国寒假学生建筑训练营
专家领队，现场教学；海外建筑名校随堂听课；饱览各国古典建筑与现代建筑，实地观摩经典和大师之作……

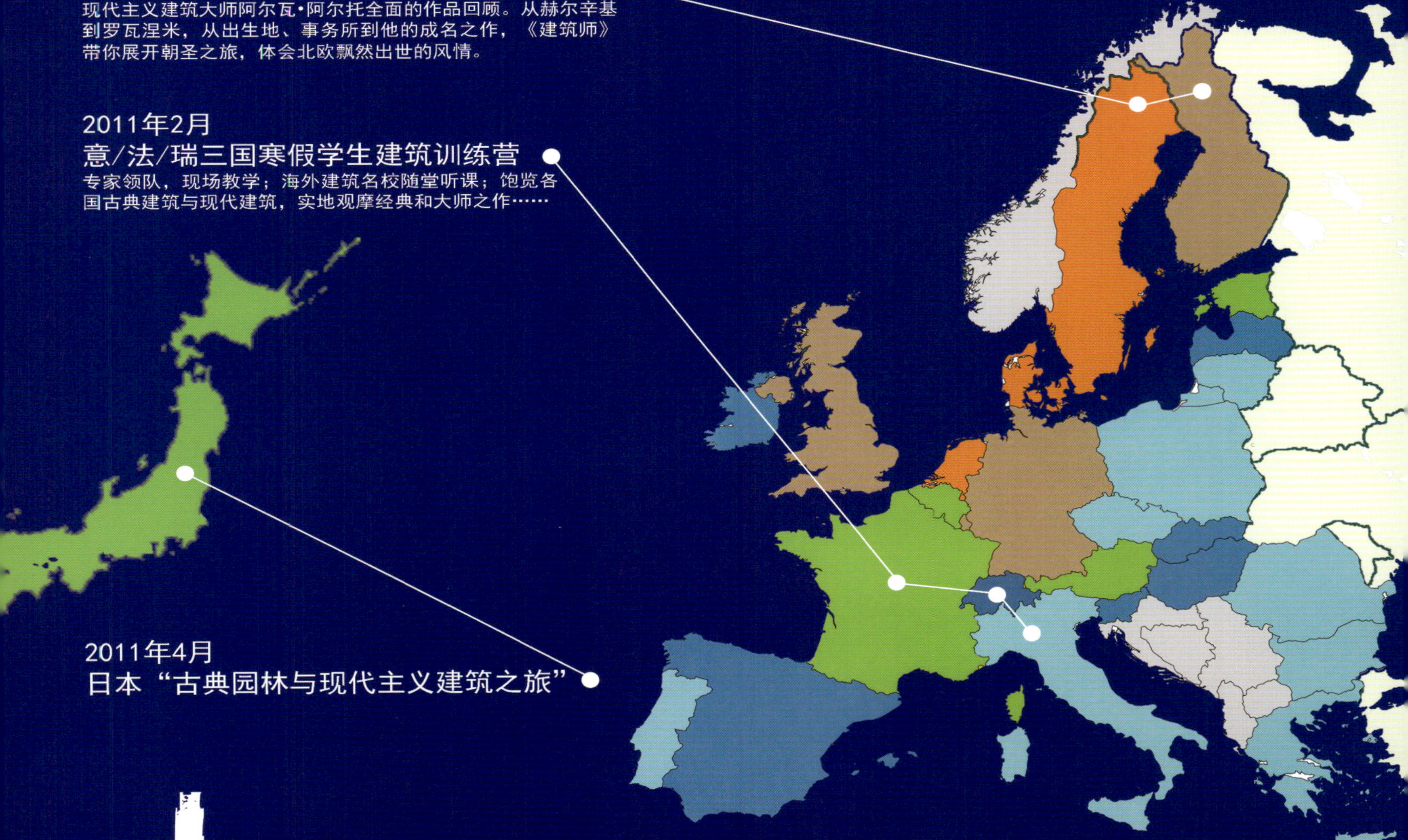

2011年4月
日本"古典园林与现代主义建筑之旅"

- 前期——专业精心的建筑考察线路
- 中期——高端专业的领队以及全程讲解
- 后期——丰富的后期成员活动以及回馈
- 全程——细致有保障的出入境服务

专业·高端·丰富·细致

主办单位：《建筑师》杂志
承办单位：北京威尔凯特国际会议服务有限公司
详情请垂询：
联系人：崔丹 王静
联系电话：63039458 13381188102 13436715685

《现代装饰》

立足本土，面向国际，囊括国内外设计大师最新最快的设计精品案例，全面解读、展示制作过程，寻找精英创意，作品原创，探讨行业焦点问题，广纳百家独到观点，启发灵感，提升设计视野，传播设计文化。

关注热点、全面解读、作品原创、启发灵感、品味创意、环球视角，快捷资讯，及时报道国内外行业最新动态。

《现代装饰》公装版

《现代装饰·家居》

大师云集，新锐璀璨，涵盖中外设计师最新精品案例。

观点碰撞，名师开谈，解析作品前后深度创作意图。

温馨居家，纯美生活，反馈当前业主真实家居诉求。

潮流风向，图文并茂，综述至潮至艺家具饰品。

独特视角，深度鲜活，报道行业新鲜热点话题。

《现代装饰》：￥35/期
《现代装饰》全年(12期)
挂号：￥400
省内快递：￥420
省外快递：￥460

《现代装饰·家居》：￥35/期
《现代装饰·家居》全年(12期)
挂号：￥400
快递：￥420
省外快递：￥460

订阅方式：

① 在全国各地邮局订阅：
国内发行：广东省报刊发行局、《现代装饰》邮发代号：46-196，《现代装饰·家居》邮发代号：46-366。拨打电话"11185"邮局可上门收订。

② 杂志社直接订阅：

》银行汇款：
开户行：深圳平安银行深圳中心商务支行
开户名：深圳市现代装饰杂志社有限公司
帐号：01521200064943
开户行：深圳市交通银行彩田支行
开户名：何瑞红
卡号：6222601310004087565
开户行：中国农业银行深圳凤凰支行
开户名：何瑞红
帐号：6228480120395231919

》邮局汇款：
汇款地址：深圳市福田区岗厦嘉麟豪庭A座2701#
邮编：518026
收款人：深圳市现代装饰杂志社有限公司

》网上汇款：http://shop58037367.taobao.com
联系电话：0755-82879576 82879420
传真：0755-82879420 qq：1079603265
联系人：刘先生 李小姐

注：汇款存根、征订单请传真或从QQ上传到本社登记与确认
Http://www.modernde.com

本刊将在2011年1月刊，取消优惠价格25元恢复到正常35元。并于2010年11刊将152页（内页内容）增至168页（内页内容）。
感谢长期以来对本刊的支持。

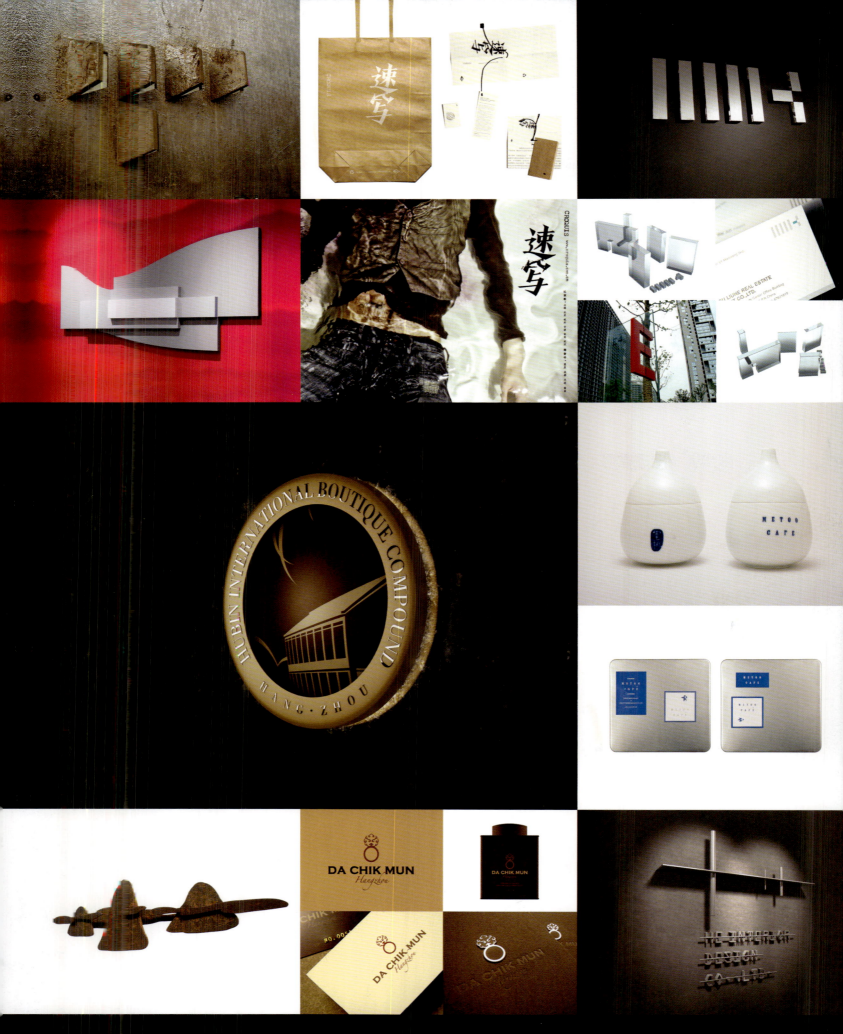

www.jagadstyle.com

吉伽提东南亚家具
JAGAD FURNITURE OF SOUTHEAST ASIA

售展中心　杭州拱墅区丽水路166号
Sales Exhibition Center
NO.166 LISHUI ROAD.GONGSHU DISTRICT HANGZHOU
Tel : *0571* 88011992
Fax : *0571* 88013217
E-mail : wwwtime@hotmail.com

《室内设计纲要：概念思考与过程表述》
全新出版

D 这是一本关于设计思维与方法论的专著

D 这是一个室内设计师20年实践的理性总结

D 它会使后来者加快步入杰出设计家的行列

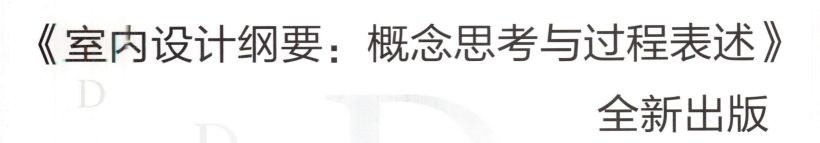

作者：	叶铮
出版：	中国建筑工业出版社
页数：	240页
定价：	128元
出版时间：	2010年10月
发行：	全国新华书店、建筑书店
网上销售：	http://www.cabp.com.cn
	http://www.amazon.cn
读者服务：	010-88369855